U0319161

多元装备系统可靠性新概论

New Introduction to the Reliability of Multiple Equipment System

主　编　徐功慧
副主编　许海昀　张　虹

北　京
冶　金　工　业　出　版　社
2021

内 容 提 要

本书简要介绍了可靠性工程相关基础理论、应用理论，并着重提出多元装备系统可靠度与置信度的新的计算方法，以此建立系统新的可靠度置信区间、置信度数值、多个可靠度置信区间与区间的解析模型；对一定样本量条件下置信区间内可靠度分布列、关联置信度、可靠度步长进行了解析；分析可靠度传统模型与新模型的逻辑关系，并给出与传统模型相匹配的关联置信度模型；对一次计数抽样精算方法等拓展应用进行了规划。新模型对于可靠度、置信度的预计、分配、评估具有切合实际的应用价值。

本书前瞻性、通用性强，可为高等院校和科研院所可靠性工程系列的研究生学习提供参考，并为装备研制、生产、试验及管理的工程技术人员学习应用提供指导。

图书在版编目（CIP）数据

多元装备系统可靠性新概论/徐功慧主编．—北京：冶金工业出版社，2021.9

ISBN 978-7-5024-8898-7

Ⅰ.①多… Ⅱ.①徐… Ⅲ.①工艺装备—系统可靠性—概论 Ⅳ.①TH16

中国版本图书馆 CIP 数据核字（2021）第 167991 号

出 版 人 苏长永
地　　址 北京市东城区嵩祝院北巷 39 号 邮编 100009 电话 （010）64027926
网　　址 www.cnmip.com.cn 电子信箱 yjcbs@cnmip.com.cn
责任编辑 夏小雪 美术编辑 吕欣童 版式设计 禹 蕊
责任校对 葛新霞 责任印制 李玉山

ISBN 978-7-5024-8898-7

冶金工业出版社出版发行；各地新华书店经销；三河市双峰印刷装订有限公司印刷
2021 年 9 月第 1 版，2021 年 9 月第 1 次印刷
710mm×1000mm 1/16；9.75 印张；158 千字；143 页

58.00 元

冶金工业出版社 投稿电话 （010）64027932 投稿信箱 tougao@cnmip.com.cn
冶金工业出版社营销中心 电话 （010）64044283 传真 （010）64027893
冶金工业出版社天猫旗舰店 yjgycbs.tmall.com

（本书如有印装质量问题，本社营销中心负责退换）

前　言

装备系统可靠性是系统工程的重要组成部分，其对装备系统作战效能的发挥具有重大影响，一直深受国内外广大学者的高度关注并持续不断地投入研究。

对于多元装备系统的全系统可靠度解析，目前公认的串并联可靠度基本评价方法实际上是基于全概率组合求解的可靠度数学模型，是一个基于总的统计量解析计算而给出的定值，从全周期使用而言是拓展各种组合计算得出的有效率数值，这也是一个利用数学期望方法解得的估计值，一方面它有方便简捷、直观可用的优点，另一方面这个定值从客观分析、研究验证而言其置信度并不为1。在应用过程中，这种概率是不可能全部发生和进行覆盖的，更无法描述系统使用的最可信的基准可靠度值（亦即置信度为1的数值）以及有限样本量条件下可靠度置信区间内的可靠度数值分布、步长（步长主要指相邻可靠度值之间的差额，可靠度置信区间在有限样本量条件下形成一个以此差额进行同步递增的等差数列）等。

因此从多元装备系统可靠性探究新的解析思路出发，去寻求一种同样科学可行的描述方法，以研究系统最可信的基准可靠度的内涵，并建立其新的数学计算模型，同时应研究给出可靠度置信区间以及可靠度的关联置信度。

而要实现以上新的思路，就提出了串并联系统还存在哪些新的内在科学规律，如何寻求其他切实可行的数学解析方法，其实是其着重解决的首要问题，因此在理念上就研究提出了多元装备系统可靠性新概论之说，即关于多元装备系统可靠性一系列新的计算理论。

在研究新理论的同时，需要概括性地明确分析传统可靠性的基础概念内涵、概率论以及与之密切相关的有关概念内涵、数学模型等。

多元装备系统可靠性新概论的提出，就是要解决子系统可靠度已知的串并联系统新的可靠度置信区间、置信度为1的可靠度。基于一定样本量所需的可靠度分布、可靠度步长及其关联置信度，同时解决可靠度置信区间与区间之间的计算、已知子系统置信度前提下的全系统置信度计算、未知子系统置信度前提下的全系统置信度计算，以及拓展至装备一次抽样检验模型应用等。

装备系统直接应用于作战，不同于其他民用系统，作为指挥员必须要对装备系统真正有效的可靠运行形势做到心有底数。装备系统可靠性新概论研究的目的就是在串并联模式下，能够得出全系统可靠度置信区间和其中百分之百最可信的基准可靠度值，以及能够解析在使用不同样本量条件下的某种可靠度值及其置信度值；同时对于子系统不同置信度条件下的可靠度能够给出全系统新的置信度及可靠度值。

多元装备系统可靠性新概论对于装备试验检验活动具有一定程度的指导意义。与此同时，可对其他行业的相关系统可靠性提供借鉴与参考作用。

本书由徐功慧、许海昀、张虹编写。其中，徐功慧主要负责第1章、第4章、第5章、第6章的编写，并负责全书总体筹划、编写与统稿工作；许海昀主要负责第3章并参加第2章编写；张虹主要负责第2章并参加第3章编写。

本书在编辑出版过程中得到了单位领导陆越、赵忠鹏、周庆飞、田恒斗、李金虎以及冶金工业出版社总编辑任静波、责任编辑夏小雪等人的关心和支持，同时得到了中国金属学会曹莉霞、大连理工大学商华以及徐正春、李家波、陈凯旋等人的鼎力支持与帮助，在此表示诚挚感谢。

本书在编写过程中引用和参考了有关专著文献，在此谨向原著作者、译者及相关单位表示特别感谢。

由于本书研究提出了一种新的理论方法，希望能够抛砖引玉以引起广大专家学者的关注及深入研究。同时鉴于作者水平有限，书中难免会有诸多不足之处，为不断日臻完善，恳请广大读者批评、指正。

作　者

2021年4月18日

目　录

1 绪　论

装备系统可靠性严重影响装备作战效能的充分发挥，也是装备系统工程的重要组成部分，历来引起国内外专家学者广泛而深入的关注、研究。如文献［1］、文献［2］等都进行了与可靠性关联的概率论与数理统计或可靠性工程等方面的系统论述。

为了更好地学习应用可靠性理论与工程技术方法，并持续不断地进行挖掘研究、迭代完善，以求用同样适合的数学应用方法来解析装备可靠性的客观规律，本书进行了一些新的有益的探索与尝试，并在数学上进行了逻辑推理与验证，从总体而言是合理可行、可信可用的。

1.1　可靠性理论与工程技术的总体认识

1.1.1　可靠性理论的概要认识

可靠性是指产品在规定的条件下和设定的时间内完成既定功能所能正常发挥程度的一种能力。可靠性总体而言是体现了产品的质量特性，一般采用概率方式度量，亦称为可靠度。与可靠度相关联的重要指标通常是置信度，简单而言是指度量实现可靠度能力的具体概率。

所谓置信度是指对应一定样本空间的样本总量而言能够体现可靠度真值的可信程度或概率，即样本空间中含有真值的样本量在样本总量中的占比。换言之，以 1 为度量除去置信度值之外的剩余概率值所对应指示的同等可靠度置信空间内是根本不可能出现可靠度真值的，也就是由该剩余概率指示的样本空间中相应样本量组成的集合包含可靠度真值的样本数是一个空集。

但同时只知道所有同等大小可靠度置信空间的总体样本量出现可靠度真值的概率是可描述的，因为是随机发生的，只是存在这种概率的可能，但无法指明哪些具体样本空间内一定存在可靠度真值。在可靠度置信区间内，一般定义其可靠度极端最大值为置信上限、极端最小值为置信下限。

举个例子来更好地进行置信度的理解，比如对于鱼雷产品而言，置信度通常是指产品合格率真值等于被试产品合格率最低可接受值时的拒收概率。因此，通过抽样检验特性曲线分析，如果抽样检验的置信度越高，产品被接收的概率就会越小；对生产方而言随着置信度的提高会更加严格，而对使用方而言就会更加有利。经过分析可以得出，在合格质量处的拒收概率小于规定的生产方风险、在极限质量处的接收概率小于置信度所对应的接收概率（使用方风险），则认为检验方案是可行的。

一般情况下，对置信度的认识容易产生两个误区：一是在可靠度真值一定的情况下，置信度越高，置信区间会更精确、更狭窄。实际情况是置信度越高说明概率越大，把握程度越大，所以为了达到可靠度真值的可信程度更高，唯有牺牲可靠度置信区间的精确性，由此产生的置信区间会更宽泛，较原来置信区间进行了进一步的放大。二是认为置信度是指可靠度真值落在置信区间的概率，这也是较为常见的一种偏颇认识。逐源溯本，其实际情况是置信度是针对某置信区间所产生的能够包含可靠度真值的样本空间样本量的概率（大小与置信度值相等）。

1.1.2 可靠性工程技术的概要认识

可靠性工程是指为达到产品可靠性要求而进行的相关论证设计、试验评定、生产批检等一系列活动。在实践活动中，通常对装备论证设计进行可靠性预计与指标分配；对装备试验验证与鉴定进行可靠性统计、模型选择、计算处理与评估；对于装备的批检校验，依照概率论或装备各类近似的数学分布模型分析产品的批样本量、可靠度目标值、可靠度最低可接受值、置信度与置信区间、生产方风险、使用方风险关系来进行批检方案的设计、选择，并基于一次计数抽样检验、基于寿命的定数截尾与定时截尾等方面进行研究解析。

可靠性模型是指为预计、分配或评估装备系统的可靠性所建立的可靠性框图和数学模型。可靠性数学模型是以数学解析公式具体表达可靠度量值的方法，对于常用的、基础性的可靠度模型，一般可根据直观可达的可靠性框图来确定其数学解析公式。可靠性框图主要用来描述系统与其组成子系统之间的可靠性逻辑关系；解析公式则是用来描述系统与子系统之间的可靠性定量关系。

1.2 多元装备系统可靠性新概论的提出

1.2.1 可靠性传统模型解析方法

对于多元装备系统而言其可靠度的解析，目前公认的串并联可靠度基本评价方法实际上是基于概率论方法求解的可靠度模型，是一个基于有效样本组合量与总体样本组合量的比值计算而给出的定值。从全周期使用而言是拓展各种组合计算所得出的有效率数值，并通过各种概率下的数值进行拟合而成的集成可靠度值（指全系统的总体可靠度），对于各种组合过程而言实际上对有序、无序状态亦无根本性的相关要求。

依据概率论方法，串并联传统模型可靠度求解：

方法一：对于多元装备系统（设为 Q）而言，其各个系统（x_1，x_2，x_3，…，x_n，其可靠度分别为 R_{x_1}，R_{x_2}，R_{x_3}，…，R_{x_n}）属于独立事件（其中串联系统各个子系统正常有效工作状态是独立事件，并联系统各个子系统的失效状态是独立事件），所以其联合概率为各个子系统的概率乘积，即串联系统联合概率 $R_Q=R_{x_1}R_{x_2}R_{x_3}\cdots R_{x_n}$；并联系统集成概率（非联合概率，联合概率为共同发生，而并联系统是至少有一个子系统发生，但其失效率是独立的且具有联合概率的）$R_Q=1-(1-R_{x_1})(1-R_{x_2})(1-R_{x_3})\cdots(1-R_{x_n})$，其可靠度值是通过建立多种组合下的样本空间解析而得出的。

方法二：从多元系统发生不同可靠度值的情况分解而言，其客观存在的可靠度置信区间的全部可靠度单值（假设为 R_1，R_2，R_3，…，R_m，先假定这些数值是存在的，因为利用概率论来进行串并联传统模型求解时，一般皆是利用方法一求解的，但是方法二也是客观存在的，将在后续章节中论述，并以新的方法来诠释，新的方法可得出以上全系统可靠度置信区间的数值或区间最大值、最小值，但是其采信的结果与传统模型应用全概率方法有所不同，在此只是想论证基于全概率求解而存在的方法二的情况）是互不相容的多个事件，其各个可靠度值的产生是存在一定概率的（r_1，r_2，r_3，…，r_n），这些概率实际上分别是全系统的条件概率，因此适用于全概率公式的应用，其全系统可靠度是一个各个可靠度值与其发生概率的拟合数值之和，即 $R_Q=R_1r_1+R_2r_2+R_3r_3+\cdots+R_mr_m$。实际上，这种拟合值充分表达了概率论中一个非常重要的概念，即随机变量的数学期望值，亦即均值。期望值即为所有可能取值的加权平均，每个权重就是该值的发生概率。

1.2.2 可靠性传统模型可靠度特性分析

从后续章节的推导来看，1.2.1 节中方法一与方法二求解的传统模型所属的可靠度结果是等效的。但在此情况下传统模型解析的这个可靠度定值从研究结果来看，其置信度并非为1。即在使用过程中，这种概率是不可能全部发生和覆盖的，更无法描述系统使用最可信的基准可靠度值（即定义置信度为1的数值）以及可靠度的数值范畴、步长（即定义为相邻可靠度值的差额，可靠度置信区间在有限样本量条件下呈现等差数列特点）等。对于多元系统而言，这种拟合的可靠度值在概率理论上无疑是完全的、正确的，没有任何可以挑剔的，是一种具有通过数学解析来描述的逻辑可能，是一种点估计（并非可靠度真值），只是在工程应用上无法给出其关联置信度。当然可靠性传统模型所解析的可靠度值其发生概率是区间所有可靠度值中最大的，从某种程度上亦符合最大似然估计理论。

对于任何串并联子系统的可靠度若求解回归于集成全系统的可靠度，无论其样本量有限或无限，虽然在概率论上存在各种情况下的组合，但是这种组合在工程应用上只是以上各种组合中的一种，也就是说基于集成全系统可靠度的样本量生成是一次固化成型的（即使用一定次数的样本量是一次性积累完成的，不可能反复尝试各种组合，只是各种组合随机发生的某一种，与可靠度传统模型拟合的方法还是存在较为明显差异的），是绝对不可逆转的，并非一种拟合值。也就是说拟合值只是描述全系统可靠度的全部可能性通过一种数学集成方法所得到的数值，具备一定的科学道理，是描述可靠度理论的一种应用期望值，但是从根本上分析对于可靠度的计量而言也是不够完全准确的。

因此从装备系统出发，寻求一种同样切实可行的定性定量描述方法，从而研究确立系统最可信的基准可靠度的内涵，并建立其新的数学解析模型，同时应研究给出可靠度置信区间以及基于某种样本量条件下所需可靠度任一单值的关联置信度。

1.2.3 可靠性传统模型可靠度与关联置信度特性分析

比如一个串联系统由 A、B 系统组成，其中 A 系统的可靠度为 0.8，B 系统的可靠度为 0.9，利用串联系统可靠度传统模型计算方法不难得出其可靠度为0.72。实际上，从研究结果看，0.72的置信度并不为1，于是就提出了在一定样本量条件下0.72的置信度究竟是多少，置信度为1的可靠度值又是多少，此类串联系统的可靠度置信区间及可靠度值之间的步长是如何计算的等一系列问题。

与此同时，针对串并联系统的可靠度在利用传统模型进行统计集成计算时，实际上我们是无形之中默许了各个子系统可靠度的置信度值为1，当然基于工程实践统计得出的可靠度计算值其置信度毫无疑问可以视为1，这是用统计方法来研究解析集成全系统可靠度的根本前提条件，是符合实际需要的。如果串并联系统的各个子系统其可靠度值的置信度不为1的某一数值时，如何求得集成全系统的可靠度值及其新的置信度也是着手要研究解决的重要问题。

例如曾经在某G型装备论证过程中，设定了某两个串联子系统的不同置信度下的可靠度，M系统的置信度85%下的可靠度为0.9，N系统的80%置信度下的可靠度为0.9，全系统的可靠度、置信度究竟是多少，结果是没有依据可循、无果而终，最终承研单位只给出了一个没有置信度考量的可靠度目标数值0.81。诸如还有某W型装备系统其成功概率基于两个部分：X子系统可靠性试验、Y子系统可靠性试验。在装备系统研制要求研究设计过程中，根据W成功概率可靠性指标（最低可接受值不小于0.9，置信度0.8），分配至X子系统可靠性指标为最低可接受值不小于0.95、置信度0.8，分配至Y子系统可靠性指标为最低可接受值不小于0.95、置信度0.8。以此所进行的可靠性指标分配，实际上是基于W系统可靠度的关联置信度0.8的分配在X子系统、Y子系统上表达置信度0.8的具体体现，首先这种分配方法在理论层面其置信度被大大降低，根本达不到实现W系统可靠度的关联置信度0.8的设计目的，子系统的置信度指标理应高于总系统的置信度指标，具体应该是多少，将在后续章节进行类似的解析论述。

1.3　可靠性新概论需要解决的问题

要解决以上存在的不够完善之处，就提出了串并联系统还存在哪些新的内在的科学规律，如何寻求一种切实可行的数学解析方法，其实是其需要解决的首要问题，因此研究提出了多元装备系统可靠性新概论（以下简称可靠性新概论），即关于多元装备系统可靠性一系列新的计算理论。

在研究新理论的同时，需要明确分析传统可靠性的基础概念内涵、概率论与数理统计、可靠性工程技术等与此相关的理论技术内涵，以便于相互对照理解、感受领悟，并进行可靠性领域新的逻辑关系推导与应用。

可靠性新概论的提出，就是要解决基于串联系统、并联系统及串并联混合系统鉴于可靠度值已知情况下新的可靠度置信区间、置信度为1的基准可靠度值，基于一定样本量前提条件下所需可靠度值的关联置信度值与可靠度置信区间的步长，同时既要解决可靠度单值之间的计算，又要解决可靠度单值与可靠度置信区间、可靠度置信区间与区间之间的计算、已知（或未知）子系统置信度下的全系统置信度计算，基于一定样本量条件下的可靠度关联置信度的计算，以及推广至装备一次计数抽样检验模型拓展应用等。

通过新方法得出的可靠性模型与传统可靠性模型比较可知，在子系统数量较少或可靠度值较高的情况下，差别相对较小；但是在子系统数量较多或子系统可靠度值较小的情况下，差别相对较大。

1.4 可靠性新概论在装备系统运用中的意义

装备系统直接应用于作战行动，不同于其他民用系统，作为指挥员对装备系统真正有效的可靠运行形势必须做到心有底数，因此有必要进行严谨而精细的解析计算以利于对装备系统做出客观的评价。

可靠性新概论研究的目的就是在串并联模式下，能够集成得出全系统可靠度置信区间和其中百分之百可信的基准可靠度值（即点估计与区间估计并存，可根据不同需要选择应用），以及能够给出在使用不同样本量条件下的某种可靠度值及其关联置信度；同时对于子系统不同置信度条件下的可靠度能够给出全系统新的置信度、可靠度值等。

因此，可靠性新概论对装备系统可靠性的直接运用具有精确性、针对性的指导意义。

1.5 可靠性新概论的概要内容

可靠性新概论论述了传统串并联系统模型的解析思路、方法与含义；根据对串并联子系统的串并联结构特点，研究子系统的有效率与失效率的相互对应关系、趋势及极值，研究给出样本量与区间可靠度值之间的步长关系，寻求一种同样简捷的数学应用解析方法；研究给出基于两个子系统构成的串并联系统的可靠度置信区间、极值及关联置信度分析；利用两种方法研究拓展至 n 个子系统的串并联系统的可靠度置信区间、极值，以及基于可靠度关联置信度的一种迭代计算方法与一种更准确的计算方法；研究给出非整数样本量的归一化处理、步长解析方法及工程应用等；运用可靠性新概论的理论方法，解析装备系统可靠度等分配方法、装备系统作战效能评估方法、装备一次计数抽样的数学检验模型的对比方法等。

2 可靠性工程传统基础理论

研究新的可靠性理论，必须基于可靠性传统理论的继承发扬与改进创新，因此有必要了解掌握与可靠性工程相关的传统基础理论知识与方法，以便于对新概论的概念与内涵进行比较认识以及产生更深入的理解及有效应用。

可靠性工程的内涵主要涉及可靠性理论基础、可靠性技术工程、可靠性管理控制等诸多层面，在逻辑关系上可形成理论牵引、实践应用、迭代改善的递进环路。可靠性理论基础主要体现在可靠性数学理论、可靠性物理理论层面，是一种揭示可靠性的相关科学机理、方法以及固有本质特性的有效形式。而可靠性数学主要涉及概率论和数理统计等数学方法方面，重点研究装备失效的相关基本规律及可靠性评估内涵；可靠性物理主要指研究失效的物理机理特性，重点探求装备失效特性的成因及其有效对策。可靠性技术工程主要体现在可靠性设计与预计、可靠性分配与验证、可靠性试验与鉴定、可靠性处理与评估、可靠性改进与提升等方面。可靠性管理主要体现应用系统工程的方法，以落实产品全寿命周期中各个相关阶段的可靠性技术工作并进行系列组织管控的有效活动。

由此可见，可靠性工程是一门涉及面极为广泛的综合性工程理论技术，包括诸多基础概念、理论内涵与工程应用方法等。

2.1 事件及交并关系

2.1.1 事件

样本空间内的任一子集可称为随机事件，简称事件。所谓事件就是由某种活动所产生的某些可能结果的集合。如果其所对应的所有结果在样本空间中出现了，则可视为该事件的发生。

随机事件分为基本事件与复合事件。若由一个样本点构成的集合就是基本事件；若由多个样本点构成的集合就是复合事件。在随机实验中，每次实验都必然发生的事件称为必然事件，每次实验都必然不会发生的事件称为不可能事件。

相等事件亦即多个事件为同一个事件。如果多个事件之间不可能同时发生，换言之即事件之间的交集为空集，则相互称为互斥事件，也称为不相容事件。如果多个事件之间交集为空集，且与此同时其并集必然发生，则事件相互之间为对立事件。

2.1.2 事件交并关系

2.1.2.1 事件交

假如 N_i（$i=1$，2，3，…，n）为输入事件，而 Z 为输出事件，如果 n 个事件 N_i同时发生时，事件 Z 必然会发生，这种相互的逻辑关系称为事件交。其相应的逻辑表达式标记为：

$$M = N_1 \cap N_2 \cap N_3 \cap \cdots \cap N_n$$

事件交表示仅当所有 n 个输入事件皆发生时，输出事件才会发生。

如当全部子系统同时发生时串联系统才能发生，所以串联系统的子系统之间属于事件交的逻辑关系。

2.1.2.2 事件并

当输入事件 N_i中至少其中一个发生时，则输出事件就会发生，这种相互的逻辑关系称为事件并。其相应的逻辑表达式标记为：

$$M = N_1 \cup N_2 \cup N_3 \cup \cdots \cup N_n$$

事件并表示至少存在其中一个输入事件发生时，输出事件即可发生。

如当全部子系统至少有一个发生时并联系统就会发生，所以并联系统的子系统之间属于事件并的逻辑关系。

2.2 逻辑门

逻辑门是描述事件之间因果逻辑关系的枢纽，基本门包括与门、或门和非门。

2.2.1 与门

当且仅当组成顶事件的全部输入事件皆发生时，输出的顶事件才会发生，这种逻辑关系称为与门。

2.2.2　或门

当组成顶事件的其中至少任意一个输入事件发生时，输出的顶事件即可发生，这种逻辑关系称为或门。

2.2.3　非门

当输出事件是输入事件的逆事件时，这种逻辑关系称为非门。

2.3　计数法则

文献［1］中叙述了计数的基本法则，这是概率计算的基础。为更鲜明地阐述其中的道理，在原文叙述的基础上进行了一定的延伸释义。

2.3.1　概率计算

假如现有 A、B 两个子系统串联集成一个新的系统 C，其中 A、B 子系统发生的总样本量分别为 x_A、x_B，其有效样本量分别为 y_A、y_B，则通过组合计算，集成 C 系统的有效样本量组合为 $x_A \times x_B$，总体样本量为 $y_A \times y_B$，两者的比值就是所求得的有效组合的概率。

2.3.2　多元事件层级衍生计数法则

多元事件即为达成互为逻辑关系的多个事件；层级衍生即为构建层级关系后每一级事件的结果皆对应前一级事件每一种结果的逻辑关系。

若存在 n 个多元事件，且事件之间依照层级衍生构成一个新的事件 W，按照层级衍生逻辑对应关系，可以任一事件选择为基点（假设以事件 1 为基点开始起算），事件 1 有 k_1 种可能结果，若服从于：事件 2 对应事件 1 的每一种结果有 k_2 种结果，事件 3 对应事件 1、事件 2 的每一种结果有 k_3 种结果，……，则有 n 个多元事件构成一个新的事件 W 有 $k_1 \times k_2 \times k_3 \times \cdots \times k_n$ 种可能结果。

以上的层级衍生关系，可以更形象地等效理解为 1 生 2，2 生 3，3 生 4，…，$(x-1)$ 生 x 可能的结果数量，形成一个代代相生的结果关系。其中 1，2，3，4，…，$(x-1)$，x 是指事件 1，事件 2，事件 3，事件 4，…，事件 $(x-1)$，

事件 x。

如串联系统的子系统的有效率之间或者并联系统的失效率之间各自等效于层级衍生关系。

2.4 集合与排列组合

2.4.1 集合

例如：M、N 两个子系统组成的 H 系统，如果系统正常运行的前提条件是务必保证 M、N 同时正常运行，则两个子系统之间的关系标记为 $H=M\cap N$。

如果只需 M 或 N 中任一子系统运行，系统即可正常运行，则两个子系统之间的关系标记为 $H=M\cup N$。

因此，在可靠性解析过程中，集合主要用来表达系统与其所属的相关子系统之间以及子系统与子系统之间的相互交联与并合关系。

（1）全集：假设某些集合一旦包含于某一设定的集合 B 之中，相对于这些集合而言，这某一设定的集合 B 则称为全集。

（2）补集：假设在全集 B 之中除了集合 A 的所有元素外，将剩余的元素组成一个新的集合，则称新的集合为集合 A 的补集，记为$\overline{A}$。

（3）子集：假设集合 B 之中包含了集合 A 中的全部元素，则认为 A 是 B 的子集，记为 $A\subset B$。

（4）交集：假设由集合 M、N 中相同元素的整体重新构成一个无重复元素的集合，则认为是集合 M 与集合 N 的交集，标记方式为 $M\cap N$。

（5）并集：假设由集合 M、N 中全部元素重新构成且无重复元素的集合，称为集合 M 与集合 N 的并集，标记方式为 $M\cup N$。

2.4.2 排列组合

（1）全排列。排列，顾名思义就是把 n 个不同元素依照某种规划次序排成一个具有先后顺序要求的队列。

例如有 n 个不同元素全部参加具有设定次序的排列，且每个元素无遗漏、无重复地逐一进行，对此类排列则称为全排列。其排列总数个数为：

$$P_n^n = n! \tag{2-1}$$

（2）选排列。假如从集合全部 n 个不同元素中任意选取 m（$m\leqslant n$）个进行一定排列，则称为选排列。排列总体个数为：

$$P_n^m = n(n-1)(n-2)\cdots(n-m+1) = \frac{n!}{(n-m)!} \tag{2-2}$$

（3）组合。组合就是从集合全部 n 个不同元素中任意选取 m（$m \leqslant n$）个不重复的元素组成一个子集，而不考虑元素的顺序，称为从 n 中取 m 个的无重复组合。

从 n 个元素中每次不重复地选取 m（$m \leqslant n$）个组合，则其组合总体个数为：

$$C_n^m = \frac{A_n^m}{m!} = \frac{n!}{(n-m)!\ m!} \tag{2-3}$$

且有

$$C_n^m = C_n^{n-m} \tag{2-4}$$

如串并联系统的某一子系统与其他子系统形成对应关系时，该子系统所属的有效样本量、失效样本量与其他系统所属的有效样本量、失效样本量之间存在一种选取的组合关系。

（4）中位数。在一组数值组成的数列中，若按照大小次序进行依次排列，当队列数值个数为奇数时，位于队列中央的数即称为中位数；或者当队列数值个数为偶数时，中央两数的算术平均值亦称为中位数。

2.5　二项式定理

二项式定理内容：若 N 为自然数，则有：

$$(a+b)^n = \sum_{i=1}^{n} C_n^i a^{n-i} b^i \tag{2-5}$$

如上所示，其中展开式中的第 $k+1$ 项 $H_{k+1} = C_n^k a^{n-k} b^k$ 为二项式展开式的通项公式。其中，C_n^k 可称为第 $k+1$ 项的二项式系数。

在实际运算应用中，常用的组合公式与求和公式如下：

$$C_n^m = C_{n-1}^{m-1} + C_{n-1}^m \tag{2-6}$$

$$mC_n^m = nC_{n-1}^{m-1} \tag{2-7}$$

$$C_n^0 + C_n^1 + C_n^2 + \cdots + C_n^n = 2^n \tag{2-8}$$

$$1C_n^0 + 2C_n^1 + 3C_n^2 + \cdots + nC_n^n = n2^{n-1} \tag{2-9}$$

2.6 频率与概率

虽然随机事件的发生事先无法予以确定，但其发生可能性的大小总体上具有一定可探究的规律性，可以事件的频率或概率的数值大小表达来进行有效度量。

2.6.1 频率

假如在同等条件下对产品进行 n 次实验活动，事件 Z 发生的次数为 $m(m \leqslant n)$，则 m 可称为频数，而 $P^*(Z)=m/n$ 则称为事件 Z 发生的频率。

频率具有两个基本特征：

（1）$0 \leqslant P^*(Z) \leqslant 1$；

（2）$P^*(S)=1, P^*(\Phi)=0$。

其中，S 是指必然事件，Φ 是指不可能事件。

2.6.2 概率

概率就是揭示随机事件发生可能性大小的一种数量表征。随机事件发生可能性大小常用区间［0，1］中的数值表示，该数值就称为概率。比如，可靠度、置信度属于概率范畴。

假如事件 Z 具备以下明确的条件，可通过解析方法得出相关概率：

（1）若一个随机现象组成的总体空间 E 中，其基本事件有限可数，可在相同条件下重复进行，记为 n。

（2）其中每一个基本事件发生的机会大小均等，即为 $1/n$。

因此在 n 个基本事件中，事件 Z 包括 $k(k \leqslant n)$ 个基本事件的概率为：$P(Z)=k/n$，即事件 Z 包括的基本事件发生个数与总体空间 E 的基本事件总体个数的比值。

概率具有与频率一样相同的两个基本特征。用频率数值来有效度量事件发生机会的大小机理上是完全可行的，只是频率因实验次数的不同而有所不同。

然而，通过大量实验可见：当 n 数值达到足够大时，频率趋于一个高精度的稳定数值，这个稳定数值即可称为该随机事件的概率。

2.6.2.1 概率性质

概率的性质如下：

（1）对于事件 A 的概率范围：$0 \leqslant P(A) \leqslant 1$，其中不可能事件的概率是 $P(A)=0$，必然事件的概率是 $P(A)=1$。

（2）假设 A，B 为互斥事件，则存在：

$$P(A \cup B)=P(A)+P(B) \tag{2-10}$$

这一法则可拓展至求有限元的两两互斥事件总和的概率。

比如某串联系统基于某同一样本量一次性使用（不可反复、逆转）条件下可能生成不同可靠度值的对应事件可视为互斥事件。

$$P(\bigcup_{i=1}^{n} A_i)=\sum_{i=1}^{n} P(A_i) \tag{2-11}$$

即两两互斥事件的 n 个事件和的概率等于 n 个事件概率的和，即为概率加法法则。

如果相容，则有：

$$P(\bigcup_{i=1}^{n} A_i)=\sum_{i=1}^{n} P(A_i)-\sum_{i,j} P(A_i A_j)+\sum_{i,j,k} P(A_i A_j A_k)-\cdots+(-1)^{n-1} P(A_1 A_2 A_3 \cdots A_n) \tag{2-12}$$

（3）假设事件 A 与事件 B 为对立事件，则存在：

$$P(A)=1-P(B) \tag{2-13}$$

比如某一个系统的运行，发生的总体样本量中的有效样本量与失效样本量之间逻辑关系可视为对立事件。

（4）假设事件 A 包含事件 B，则存在：

$$P(A-B)=P(A)-P(B) \tag{2-14}$$

比如某一个系统运行发生的总体样本量事件包含有效样本量事件或失效样本量事件。

2.6.2.2 条件概率

若在事件 B 已经发生的前提下，则基于此条件下 A 发生的概率称为条件概率，即在 B 条件下 A 的概率，标记为 $P(A|B)$ ，若 $P(B)>0$ ，则有：

$$P(A \mid B)=P(AB)/P(B) \qquad P(B) \neq 0 \tag{2-15}$$

若 $P(B)=0$，则 $P(A|B)$ 没有定义。联合概率为两个事件共同发生的概率，A 与 B 的联合概率表示为 $P(AB)$。条件概率是理解全概率公式与 Bayes 公式的重要基础。基于条件概率下，最大变化是样本空间由原有整个样本空间缩减至所给定条件下的样本空间。

2.6.2.3 全概率

若由两两互斥的有限个或无限个事件 B_1，B_2，…，B_n 构成一个完备事件组，且皆为正概率数值。当事件 A 在其中一个或仅有一个事件发生时，事件 A 才有可能发生，若事件 B_i 的概率为 $P(B_i)$ 及事件 A 基于 B_i 的条件概率为 $P(A|B_i)$，此时事件 A 发生的概率称为全概率，全概率公式为：

$$P(A)=\sum_{i=1}^{n}P(B_i)P(A|B_i) \tag{2-16}$$

全概率的意义在于，将事件 A 分解为若干个小事件，通过求解小事件概率来获得 A 的概率，这种划分不是对 A 的划分而是基于整个样本空间的划分。比如串联系统或并联系统可能产生的多个可靠度值构成了一个完备事件组，其适用于全概率公式的方法应用。

全概率分解法：对于复杂的全系统网络 A，为简化解析过程与化解难度，可以应用全概率公式进行逐步分解，即考虑某一子系统 A_i 处于正常工作状态和发生故障两种情况，将原来复杂的系统网络化分为两个较为简单直观的系统网络：一个是 A_i 正常工作状态时的系统网络，一个是 A_i 处于故障状态时的系统网络。再依照全概率公式，系统 A 的可靠度可表示为：

$$R_A=P\{A\}=P\{A_i\}P\{A|A_i\}+P\{\overline{A}_i\}P\{A|\overline{A}_i\} \tag{2-17}$$

$A|A_i$ 表示在 A_i 系统处于正常情况下，系统网络 A 正常的一个事件；$A|\overline{A}_i$ 表示在 A_i 系统发生故障情形下，系统网络 A 正常的一个事件。

如 1.2 节所述的多元系统产生的全系统下不同可靠度分解单值 R_1，R_2，R_3，…，R_m 是两两互斥的多个事件，其各个可靠度值的产生概率若为 r_1，r_2，r_3，…，r_m，这些概率是全系统的条件概率，因此适用于全概率公式的应用，即：

$$R_Q=R_1r_1+R_2r_2+R_3r_3+\cdots+R_mr_m \tag{2-18}$$

2.6.2.4 事件独立性性质

若已知事件 B 的发生并不影响事件 A 发生的概率，则 $P(A|B)=P(A)$，

那么事件 A 对事件 B 而言是独立的，则有：

$$P(AB)=P(A)P(B) \tag{2-19}$$

这就是概率的乘法法则。其中 $P(AB)$ 为 A、B 系统的联合概率，即 A、B 同时发生时的概率。

同理，事件独立性性质可拓展至 n 个系统的推导应用。

如果事件 A 对事件 B 而言是独立的，那么事件 B 对事件 A 而言也是独立的，即事件 A 与事件 B 是相互独立的。

事件独立性性质在串并联传统模型的解析中比较常用。对串联系统而言，由于其子系统（假设为 A、B 系统）相互独立，则其有效率的联合概率 $P(AB)=P(A)P(B)$；对并联系统而言，其子系统（假设为 A、B 系统）也是相互独立的，但是我们求解的并非是 A、B 系统的联合概率（须共同发生），而是 A、B 系统至少有一个发生时的概率，此时 A、B 系统的失效率都发生时 A、B 系统的失效率的联合概率才会发生，通过求得 A、B 系统的失效率的联合概率转换为 A、B 系统有效率的集成概率为：

$$P(A\cup B)=1-[1-P(A)][1-P(B)] \tag{2-20}$$

2.6.2.5 Bayes 公式

假如存在两两互斥的 n 个事件 B_1，B_2，…，B_n，当其中任何一个事件发生时，事件 A 方有可能发生。已知事件 B_i 被视为导致试验结果 A 发生的“原因”，确认 B_i 发生的概率为 $P(B_i)$，亦称为先验概率；确认事件 A 在事件 B_i 先发生条件下的条件概率为 $P(A|B_i)$。因此事件 A 实际发生后，事件 B_i 发生的概率为条件概率，亦称为后验概率，可记作：

$$P(B_i|A)=\frac{P(B_i)P(A|B_i)}{\sum_{i=1}^{n}P(B_i)P(A|B_i)} \tag{2-21}$$

先验概率 $P(B_i)$ 表明事件 A 发生的各种原因的可能性大小是多少，先验概率可由以往经验与统计数据信息解析界定。后验概率 $P(B_i|A)$ 描述在事件确已产生结果 A 的情形下，各种原因概率发生可能性的重新认识。

2.7 随机变量

给出一个随机试验，若其样本空间中的每个样本点皆有一个实数值与之相对应，则把此定义域为样本空间的单值实数函数称为随机变量。

随机变量的取值规律反映了随机现象的统计规律，即遵循一定概率数值的分布。描绘此规律各种形式下的态势就成为各种分布。

2.7.1 离散型随机变量

如果一个随机变量全部取值只可能取有限个值或可列无限个值，则称这个随机变量为离散型随机变量。离散型随机变量的分布形式称为概率函数。

表征统计随机变量规律的分布列，主要体现在离散型随机变量的可能取值及其相关取值概率。一旦得到离散型随机变量的分布列，离散型随机变量的其他更为复杂事件的概率即可确定。

设离散型随机变量 X 的可能取值为 x_1，x_2，…，x_n，其对应数值的相关概率为 P_1，P_2，…，P_n，则称 P_1，P_2，…，P_n 为离散型随机变量 X 的概率分布，见表 2-1。

表 2-1 离散型随机变量的概率分布列

X	x_1 x_2 ⋯ x_k ⋯ x_n
$P(X=x_i)$	P_1 P_2 ⋯ P_k ⋯ P_n

离散型随机变量包括以下两个特征：

（1）$0 \leqslant P(X=x_i)=P_i \leqslant 1$。

（2）$\sum_{i=1}^{n} P_i = 1$（随机变量 X 取值 x_i 为两两互斥事件）。

串并联系统有限样本量条件下的全系统可靠度置信区间的可靠度值分布属于离散型随机变量分布，符合上述随机变量特征。

2.7.1.1 离散型随机变量期望

随机变量通常用期望来表示，其期望值就是随机变量所有可能取值的加权平均，每个值的权重即为该值的概率。

随机变量函数的期望：若离散型随机变量 X 的可能取值为 x_i，其对应数值的相关概率为 P_i，求 X 函数的期望如 $Y(X)$ 的期望，则有：

$$E[Y(X)] = \sum_{i} Y(x_i)P(x_i) \tag{2-22}$$

如1.2.1节、2.6.2.3节所述的全概率计算公式：$R_Q = R_1 r_1 + R_2 r_2 + R_3 r_3 + \cdots + R_m r_m$，即为期望（或称为均值）计算的一个例证。

2.7.1.2 离散型随机变量方差

随机变量与期望值之间离散程度的量值可用方差来表示。随机变量的方差由其概率分布唯一确定，也称某分布的方差，即：

$$\sigma^2 = E(x - \bar{x})^2 = \sum_{i=1}^{n} (x_i - \bar{x})^2 P(x_i) \tag{2-23}$$

$\bar{x}$为离散型随机变量的均值，即等于随机变量的数学期望。

2.7.2 连续型随机变量

如果随机变量的所有可能取值不可逐一列举，只能获取数轴上一个连续区间内的任一点的随机变量，则称为连续型随机变量。其表征主要采用概率分布函数如累积分布函数和密度函数来进行阐释，连续型随机变量取任一固定值的概率为0。

2.7.2.1 累积分布函数

若随机变量为X，则给定某一任意实数值$x(X \leqslant x)$的概率，即可知：$F(x) = P(X \leqslant x)$。

累积分布函数的三个主要特征如下：

（1）$0 \leqslant F(x) \leqslant 1$；

（2）$P(a \leqslant X \leqslant b) = F(b) - F(a)$，即随机变量$X$进入区间［$a$，$b$］的概率等于累积分布函数$F(x)$在［$a$，$b$］区间内的具体增量；

（3）$F(x)$呈现非降函数性质。

当样本量为无限时，串并联系统的可靠度置信区间假如为［a，b］，即为连续型随机变量分布，在数学逻辑层面是有意义的。但实际上在工程应用中，这种连续型随机变量是不存在的，因为任何系统都是存在使用寿命的，不存在无限样本量的条件，只能是较大样本量条件。从另一个角度而言，［a，b］可视为无明确样本量条件下的可靠度置信区间。

2.7.2.2 概率密度函数

$$f(x) = \lim_{\Delta x \to 0} \frac{p(x < X < x + \Delta x)}{\Delta x}$$

概率密度函数的三个主要特征如下：

(1) $f(x) \geqslant 0$，即概率密度函数呈现非负函数性质；

(2) $f(x) = F'(x)$，即概率密度函数为累积分布函数的导数；

(3) $P(a \leqslant X \leqslant b) = \int_a^b f(x)\mathrm{d}x = F(b) - F(a)$，即随机变量进入区间$[a,b]$的概率等于其概率函数$f(x)$在［$a$，$b$］区间内的定积分。

2.7.2.3 连续型随机变量期望

对于连续随机变量X，若它的概率密度函数为$f(x)$时，其随机变量X的数学期望$E(x)$为：

$$\mu = E(x) = \int_{-\infty}^{\infty} xf(x)\mathrm{d}x \tag{2-24}$$

2.7.2.4 连续型随机变量方差

连续型随机变量方差为：

$$\sigma^2 = E(x - \mu)^2 = \int_{-\infty}^{\infty} (x - \mu)^2 f(x)\mathrm{d}x \tag{2-25}$$

式中，μ为连续随机变量的均值，即等于随机变量的数学期望。

2.7.3 随机变量的各类分布

2.7.3.1 两点分布

随机变量的两点分布特征是指其分布仅有两种结果，表现为成功或失败，抑或合格不合格。两点分布是基于一次实验发生的，是二项分布的特殊情况。

两点分布亦称为“伯努利模型”。伯努利实验是只有两种可能结果的单次随机实验。在“伯努利模型”中，假设成功时设$X=1$，概率标记为$p(1)=p$；失败设$X=0$，概率则为$p(0)=1-p$，其分布列见表2-2。

表 2-2 两点分布的分布列

X	0	1
$p(X=x_i)$	$1-p$	p

对于串并联系统的每个子系统每次运行而言，其两点分布即为有效或失效。

2.7.3.2 二项分布

假设由 n 次实验组合构成，且每次实验结果依次相互独立产生，每次实验仅凸显成功或失败两种结果的其中之一，此类系列实验即为 n 重伯努利实验。

若进行 n 次独立重复实验，每次实验的成功概率为 p，失败概率为 $1-p$，以 X 表示 n 次实验中的成功次数，则 X 称为参数是（n，p）的二项随机变量。设若 d_s 为发生 s 次成功的概率。其分布列见表 2-3。

表 2-3 二项分布的分布列

X	0 1 2 … s … n
p	d_0 d_1 d_2 … d_s … d_n

对于导弹、鱼雷、深弹发射而言，即为命中与不命中目标；对于武器装备交验验收而言，即为合格与不合格；对于武器装备规定的任务时间内完成任务，即为可靠与不可靠等。

二项分布概率密度函数表示为：

$$d_s = P(X=s) = C_n^k p^k (1-p)^{(n-k)} \qquad k=0,1,2,3,\cdots,n \tag{2-26}$$

若 n 次试验中得到小于等于 s 次成功的概率，则累积分布函数为：

$$F(x) = P(X \leqslant s) = \sum_{x=0}^{s} C_n^x p^x (1-p)^{n-x} \qquad k=0,1,2,3,\cdots,n \tag{2-27}$$

对于串并联系统的子系统可靠性运行情况的独立统计而言，可视为 n 重伯努利实验，n 等同于样本量。

二项分布通常在计数抽样检验中得以应用，即在总体样本量有限情况下若总体样本量不小于 10 倍的抽样样本时，则可认为抽检方案的抽检特性函数等效于二项分布，这种等效在某种程度上是存在一定误差的。

2.7.3.3 泊松分布

泊松分布是限定一定条件下的二项分布的一种近似计算公式，是样本量 n 充分大、不合格率 p 足够小、np 适当时二项分布的一种近乎等效样式。

若随机变量 x 包含的可能取值为 0，1，2，…，则各个取值产生的概率即为：

$$P(X=s)=\frac{(np)^s}{s!}\mathrm{e}^{-np}=\frac{\lambda^s}{s!}\mathrm{e}^{-\lambda} \tag{2-28}$$

式中，$\lambda=np$；$P(X=s)$为在 n 次试验过程中发生 s 次事件的概率。

泊松分布通常也在计数抽样检验中得以应用，即在有限总体样本量不小于 10 倍的抽样样本且抽样样本量较大与不合格率较小时，抽检方案的抽检特性函数等效于泊松分布。但是，等效结果所产生的误差则是不可避免的。

2.7.3.4 超几何分布

超几何分布是一种离散型随机变量的离散概率分布，是指从有限总体样本量 N 中用不重复的方式抽取 n 个样本，符合抽取规定特征的样本 k 的个数，其中 k 中含有 Z 个指定特征的产品，得到其抽检特性函数为：

$$P(X=k)=\frac{C_Z^k C_{n-Z}^{n-k}}{C_N^n} \qquad k=0,1,2,3,\cdots,L \tag{2-29}$$

其中，$L=\min\{n,k\}$。

超几何分布适用于计数抽样检验，其特点适合于抽取子样数不重复放回总体中的使用方式。

超几何分布的计算是一种准确的接收概率解析方法。凡抽样检验一般抽取的子样数较小，一般可适合应用此方法。在子样数较大以及其他情况下，因为计算数量过大，如前所述则采用二项分布或泊松分布来替代超几何分布确定抽检方案。

随着计算机可编程与超高速计算技术的发展，超几何分布的较大子样的组合概率计算已经成为可以实现的一种选择方式。

2.7.3.5 均匀分布

均匀分布也称矩形分布，是一种对称概率分布，在任意相同间隔的分布概率是相等的。假如 X 连续型随机变量具有概率密度：

$$f(x)=\begin{cases}\dfrac{1}{b-a} & a<x<b\\ 0 & \text{其他}\end{cases} \tag{2-30}$$

则称 X 在有限区间（a，b）上服从均匀分布。

其累积分布函数为：

$$F(x)=\begin{cases}0 & x\leqslant a\\ \dfrac{x-a}{b-a} & a<x<b\\ 1 & x\geqslant b\end{cases} \tag{2-31}$$

2.7.3.6　正态分布

正态分布亦称高斯分布，也可称高斯误差曲线，是一种比较常见的应用广泛的分布函数。

经过对工程实践中出现的相关随机变量的规律分布统计发现，其中服从正态分布形式的现象较为常见。比如装备系统的故障、磨损最接近正态分布，还有制造产品的合格与否等亦接近正态分布。

正态分布概率密度函数曲线是一条关于 $x=\mu$ 对称的吊钟形曲线，$x=\mu$ 时其取值最大，如图 2-1 所示。

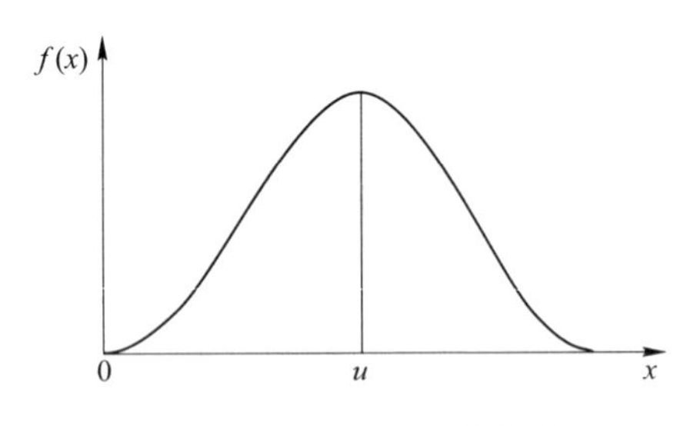

图 2-1　正态分布函数曲线

正态分布的概率密度函数为：

$$f(x)=\frac{1}{\sqrt{2\pi}\,\sigma}e^{-\frac{(x-\mu)^2}{2\sigma^2}} \tag{2-32}$$

其累积分布函数为：

$$F(x)=\frac{1}{\sqrt{2\pi}\sigma}\int_{-\infty}^{x}e^{-\frac{(x-\mu)^2}{2\sigma^2}}dx \tag{2-33}$$

式中，μ 为均值，即 $MTTF$（或 $MTBF$）$=\mu$；σ 为标准差，是指偏离均值的离散程度；σ^2称为方差，即 $D(X)=\sigma^2$。

若 $\mu=0$、$\sigma=1$，此时的正态分布即视为标准正态分布。若 $\mu\neq0$、$\sigma\neq1$，此时的正态分布即视为一般正态分布。

2.7.3.7 对数正态分布

对数正态分布是指相关随机变量呈现自然对数 $Y=\ln x$ 特征的一种分布函数，记为 $LN(\mu,\sigma^2)$。也就是说，一个随机变量的对数若服从正态分布，则该随机变量服从对数正态分布。对数正态分布概率密度函数曲线如图 2-2 所示。

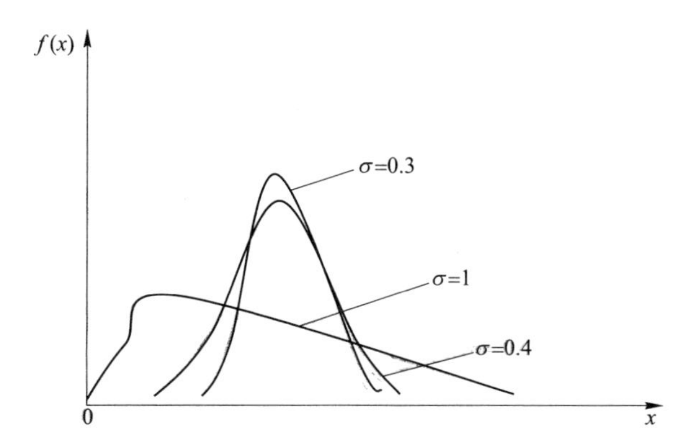

图 2-2 对数正态分布的概率密度曲线

对数正态分布的概率密度函数为：

$$f(x)=\frac{1}{\sqrt{2\pi}\sigma}e^{-\frac{1}{2}\left(\frac{\ln x-\mu}{\sigma}\right)^2} \tag{2-34}$$

x 的均值与方差分别记为：

$$E(x)=e^{\mu+\frac{\sigma^2}{2}} \tag{2-35}$$

$$Va(x)=e^{2\mu+\sigma^2}(e^{\sigma^2}-1) \tag{2-36}$$

式中，μ 和 σ 为 $\ln x$ 对数均值与对数标准差，而绝非对数正态分布的均值与标准差。

若一个随机变量的综合特征表现为诸多更小因子的乘积，则其寿命分布常常可用对数正态分布来予以呈现。如串联系统的可靠度置信区间可靠度概率分布即服从对数正态分布。

2.7.3.8　指数分布

指数分布是一种极其重要的分布。一般寿命皆服从于指数分布，比如电子产品的寿命分布，有的系统寿命亦可用指数分布来近似。当产品使用进入浴盆曲线底部的稳定期后，产品的失效率几乎接近常数，从而使得产品产生对应的失效分布函数呈指数分布特征。

指数分布的概率密度曲线如图 2-3 所示。

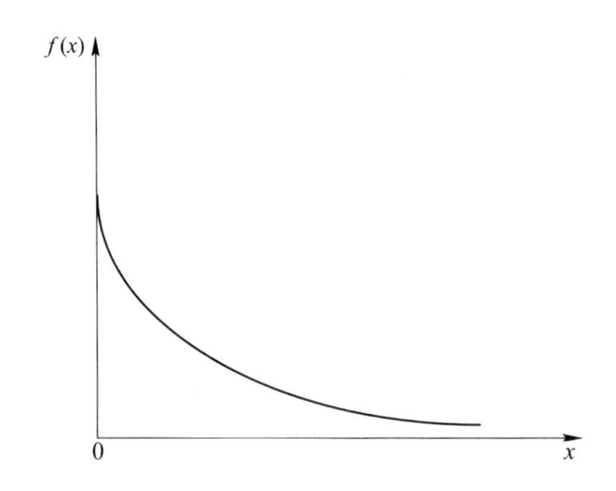

图 2-3　指数分布的概率密度曲线

设产品的寿命分布为指数分布，其累积失效分布函数为：

$$f(x) = \lambda e^{-\lambda x} \tag{2-37}$$

可靠性工程应用中，x 以 t 表示，则 $F(t)$ 为：

$$F(t) = 1 - e^{-\lambda t} \qquad t > 0 \tag{2-38}$$

其可靠度函数为：

$$R(t) = e^{-\lambda t} \tag{2-39}$$

式中，失效率 λ、平均寿命 $\theta = \dfrac{1}{\lambda}$ 是考核的可靠性指标。

2.7.3.9　韦布尔分布

韦布尔分布的分布函数为：

$$F(x)=\begin{cases}0 & x \leqslant k \\ 1-\exp\{-[(x-k)/\alpha]^{\beta}\} & x>k\end{cases} \tag{2-40}$$

其概率密度函数为：

$$f(x)=\begin{cases}0 & x \leqslant k \\ (\beta/\alpha)[(x-k)/\alpha]^{\beta-1}\exp\{-[(x-k)/\alpha]^{\beta}\} & x>k\end{cases} \tag{2-41}$$

2.8 可靠性统计与置信度解析

多元装备系统的集成可靠度是基于多个子系统实验活动中在每个子系统独立条件下所获得可信样本而解析出其相应可靠度后，按照串联或并联或串并联等方式通过一定数学模型求解的可靠度数据结果。

这种统计样本的方法实际上也是随机模拟法，其常用蒙特卡罗法，也是一种广义上的抽样检验。因此，这种方法实际上也存在基于数据样本量所产生的置信度问题。蒙特卡罗法的优点是无需考虑功能函数的非线性与极限状态曲面的复杂性，具有模拟的收敛速度以及相对精准的精度，常用于各类近似分析方法计算结果的校核；其缺点是计算量大。但是随着各类抽样技术的改进以及计算机技术的发展，该方法的应用越来越广泛。

2.8.1 置信度解析经验公式

对于每个子系统而言，在其置信度解析方面，一般有如下几种经验公式：

（1）基于 N 个实际样本量所得到的事件 A 的频率为 P^*，该事件的概率真值的可能变化范围为：

$$P=P^* \pm 2\sqrt{\frac{P^*(1-P^*)}{N}} \tag{2-42}$$

（2）用蒙特卡罗法求解事件 A 的概率为 P 时，为保证实际误差不大于 Δ，则 N 个实际样本量不小于：

$$N=\frac{4P(1-P)}{\Delta^2} \tag{2-43}$$

（3）若从 N 个实际样本量所得到的 X 随机变量的算术平均值 $\bar{x}^*$，x_i 为第 i 个实际随机变量 X 的值，则 X 的数学期望范围为：

$$\bar{x}=\bar{x} \pm \frac{2}{\sqrt{N}}\sqrt{\frac{1}{N}\sum_{i=1}^{N}x_i^2-(\bar{x}^*)^2} \tag{2-44}$$

（4）用蒙特卡罗法求解随机变量 X 的数学期望 $\bar{x}$时，若确保误差不超过 Δ，则 N 个实际样本量不小于：

$$N=\frac{4Dx}{\Delta^2} \tag{2-45}$$

式中，Dx 为随机变量 X 的方差。

2.8.2　统计变量的阶差

方差统计解析统计变量的变化时，通常会建立阶差的数理概念。

若统计变量为 x_1，x_2，x_3，…，将 x_i-x_{i-1}之差称为阶差，表达统计变量的变化程度。

之后，设 $y_i=x_i-x_{i-1}$，则称 y_i数列为一级阶差数列。以此类推，可形成二级阶差数列等。

2.9　经验分布函数

经验分布函数是与总体分布函数 $F(X)$ 相对应的统计量，是随机变量 X 的分布函数的函数，其满足分布函数的相关性质。若经验分布函数为 $F_n(x)$，表示 X_1，X_2，…，X_n中不大于 X 的随机变量的个数。对样本值由大到小重新排列编号，得到一个新的 $x_{(1)}$，$x_{(2)}$，…，$x_{(n)}$有序样本，则经验分布函数为：

$$F_n(x)=\begin{cases}0 & x<x_{(1)}\\ \dfrac{k}{n} & x_{(k)}\leqslant x<x_{(k+1)}\\ 1 & x\geqslant x(n)\end{cases} \tag{2-46}$$

若 $x_{(1)}$，$x_{(2)}$，…，$x_{(n)}$是来自总体分布函数 $F(X)$ 的样本，其经验分布函数为 $F_n(x)$，则有 n 趋于无穷大时：

$$P\{\sup -\infty<x<\infty\ |F_n(x)-F(X)|\to 0\}=1 \tag{2-47}$$

即当 n 足够大时，经验分布函数可作为总体分布函数的一个趋近合理的近似。

2.10　弱大数定律

2.10.1　切比雪夫大数定理

切比雪夫大数定理：若随机变量 X_1，X_2，…，X_n是相互独立的，其数学

期望为 $E(X_i)=\mu$，方差为 $D(X_i)=\sigma^2(i=1,2,\cdots)$，则有：

$$\overline{X}=\frac{1}{n}\sum_{i=1}^{n}X_i \tag{2-48}$$

以上收敛于 μ。

即在 n 趋近于无穷大时，其 n 个随机变量的算术平均值趋于一个常数。换言之，随着样本量的增加，样本平均数将接近于总体平均数。

2.10.2 辛钦大数定理

辛钦大数定理：若随机变量 X_1，X_2，…，X_n是独立同分布的且具有相同的数学期望 $E(X_i)=\mu(i=1,2,\cdots)$，对于任意的 $\varepsilon>0$，则存在：

$$\lim_{n\to\infty}P\left\{\left|\frac{1}{n}\sum_{i=1}^{n}X_i-\mu\right|<\varepsilon\right\}=1 \tag{2-49}$$

序列的期望$\overline{X}=(X_1+X_2+\cdots+X_n)/n$ 以概率收敛于 μ，当 n 为足够大数时，其与 μ 误差会较小。因此辛钦大数定理阐明，用随机变量的算术平均值来近似实际真值是具有合理的逻辑依据的，辛钦大数定理其实是切比雪夫大数定理的特殊情况。

2.10.3 伯努利大数定理

伯努利大数定理：若 μ_n为 n 重伯努利实验中事件发生的次数，P 为该事件每次实验发生的概率，对于任意实数 $\varepsilon>0$，则存在：

$$\lim_{n\to\infty}P\left\{\left|\frac{\mu_n}{n}-p\right|<\varepsilon\right\}=1 \tag{2-50}$$

当样本量为足够大数时，事件发生的频率越来越接近于发生概率，即频率趋于稳定性。

实际上，由辛钦大数定理可知，当随机变量服从 0~1 分布时，辛钦大数定理就是伯努利大数定理。因此，伯努利大数定理是辛钦大数定理中的特例。

2.11 强大数定律

强大数定理：若随机变量 X_1，X_2，…，X_n是独立同分布的序列，且其公共均值 $\mu=E(X_i)$有限，则存在：

$$P\left(\lim_{n\to\infty}\frac{1}{n}\sum_{i=1}^{n}X_i=\mu\right)=1 \tag{2-51}$$

2.12　中心极限定理

中心极限定理：若随机变量 X_1，X_2，…，X_n是独立同分布的序列，其公共分布的均值为μ，方差为σ^2，则有$\dfrac{X_1+X_2+\cdots+X_n-n\mu}{\sigma\sqrt{n}}$的分布，在 n 趋近于无穷大时趋向于标准正态分布。

由此可知，当一个事件产生的独立随机变量的样本量不断增加时，其和的分布趋于正态分布，即该事件的概率服从中心极限定理，收敛于正态分布。

2.13　样本与抽样

样本与抽样涉及以下概念：

（1）总体：在统计学中，泛指由所有基本元素组成的某一研究对象的全集。总体按其个体数量的有限或无限，可分为有限总体和无限总体。

（2）个体：具体所指构成某一总体的每一个基本元素。

（3）样本空间：把随机试验所有可能结果组成的集合称为样本空间。

（4）样本点：一个随机试验的每一个可能出现的结果成为一个样本点。

（5）样本：从总体中按照一定的规律抽取出来的部分个体，亦称子样，数目较小的亦称为小子样。

（6）样本量：统计样本所包含的具体个体的有关数目，亦称子样数。

（7）样本值：每次抽样之后，样本所对应的具体相关数值。

（8）随机抽样：按照客观自然、随机任意的方式来进行抽取样本，随机抽样必须满足样本中每个个体与总体相同分布的代表性与样本个体的独立性。

（9）抽样检验：从一批产品总体中随机抽取预先规定的少量样本进行检验，并根据检验结果来评判该批产品合格与否。

（10）计数抽样：从一批产品总体中随机抽取预先规定的样本进行检验，并根据抽取样本中的不合格个数来判定批产品是否合格。

（11）计量抽样：从一批产品总体中随机抽取预先规定的样本，对样本的参数值进行统计来判断批产品合格与否。

（12）一次抽检：从一批产品总体中一次性随机抽取预先规定的样本，即可对批产品做出合格与否的检验。

（13）二次抽检：在一次抽检的基础上第二次从一批产品总体剩余部分中一次性随机抽取样本，并综合第一次、第二次检验结果对批产品做出合格与否的检验。

（14）故障率抽样检验：在一批产品中随机抽取规定的样本按照规定的时间进行检验，通过产品故障数来对批产品做出合格与否的结论。

（15）寿命抽样检验：在批产品中随机抽取规定的样本，并以合格平均寿命水平为标准来判断批产品合格与否。

（16）定数截尾寿命抽检：在批产品中随机抽取规定的样本，以预先规定的故障数作为截尾来进行平均寿命计算，从而以平均寿命合格判定值来评判批产品的合格与否。

（17）定时截尾寿命抽检：在批产品中随机抽取规定的样本，预先规定截尾时间与故障次数，通过截尾时间与规定故障数最后一个所发生时间比较来评判批产品的合格与否。

（18）计数序贯抽检：在批产品中随机抽取规定的样本，根据检验结果比较产生不合格率在其给定的合格质量水平与不合格质量水平时的概率来明确评判批产品的合格与否；若不能给出评判时，则继续抽验样本进行实验，直至给出合格与不合格结论后为止。

（19）序贯寿命抽检：在批产品中随机抽取规定的样本，通过统计规定的故障数出现时的总时间与规定的上限时间、下限时间作出批产品合格与否的结论；若能给出评判时，则继续抽验样本进行实验，直至给出合格与不合格结论后为止。

（20）抽样特性曲线：对于给定的抽样方案，表示批接收的概率与批质量水平的函数曲线。

（21）合格质量：抽样检验中，对于所给定的较高接收概率被认为满意的批质量水平。

（22）极限质量：对于孤立批的抽样检验中，限制在所给定的较低接收概率的质量水平。

（23）生产方风险：对于给定的抽样方案，当批质量水平为某一指定的合格值时的拒收概率。

（24）使用方风险：对于给定的抽样方案，当批质量水平为某一指定的不满意合格值时的接收概率。

2.14　点估计与区间估计

2.14.1　点估计

点估计就是利用某种方法对产生的样本 x_1，x_2，…，x_n综合统计量解析得到一个单值，以此来估计未知特征的总体参数，称为总体参数的估计量。这种以所抽取的样本参数值作为总参数的估计值，称为总体参数的点估计。点估计也称定值估计，就是以样本统计量的解析出的单一数值来估计总体参数，以局部指标结果推断替代总体指标特征值。

点估计通常是总体的某一方面的特征值，比如数学期望、方差等。点估计的特点是能够给出未知参数的接近数值，但不能给出估计值的误差与置信度。

点估计常用的方法有矩估计法、极大似然法与最小二乘法。其中矩估计法的主要思想是在总体矩能够成为矩函数时，用样本矩作为总体相关矩的估计，特别是在总体分布未知情况下，也可以数学期望、方差进行估计；极大似然法估计的主要思想是以使得样本的出现获得最大概率的参数值作为未知参数的估计值；最小二乘法的主要思想就是求解未知参数，使得理论值与观测值之差的平方和达到最小。

样本均值和样本方差作为总体均值和总体方差的估计，是最常用的无偏估计。

2.14.2　区间估计

对参数估计值期望给出一个由两个统计量构成区间的涵盖范围，同时对应得出该区间内包括未知参数真值的置信概率，此类对应形式的估计称为区间估计。

区间估计的特点是能够给出置信区间覆盖真值的置信度，但不能明确真值的具体数值。

（1）置信区间与置信度。置信区间所阐释的是对估计结果计算的精确程度，置信度所阐释的是对估计结果的可信程度。

假如总体分布中存有一个未知待估计参数的真值 Z，通过样本观测值得出一个估计区间（Z_L，Z_H）使该真值落入该区间的概率为 $1-\alpha$（$0\leqslant\alpha\leqslant1$），则称随机区间（$Z_L$，$Z_H$）为 Z 的 $1-\alpha$ 的置信区间，Z_L 和 Z_H 则分别称为 Z 的 $1-\alpha$ 置信下限和置信上限，$1-\alpha$ 称为置信度（置信水平），α 称为显著水平。

（2）双侧区间估计。若在给出置信度 $1-\alpha$ 的条件下，对未知参数的置信上限和置信下限一并做出估计的方法称为双侧区间估计，亦称为双边估计，$P(Z_L\leqslant Z\leqslant Z_H)=1-\alpha$。

（3）单侧区间估计。假如置信度为 $1-\alpha$，仅针对待估计的未知总体参数 Z 的置信下限或者置信上限做出估计，则从 Z_L 到 Z 的最大可能值之间的区间或从 Z 的最小可能值至 Z_H 之间的区间，这种区间估计称为置信度为 $1-\alpha$ 的单侧区间估计，亦称为单边估计，即：

$$P(Z_L \leqslant Z) = 1 - \alpha$$

$$P(Z_H \geqslant Z) = 1 - \alpha$$

2.15 样本统计

若从总体 X 中随机抽取的子样为 x_1，x_2，…，x_n，则有：

样本均值：
$$\bar{x} = \frac{1}{n}\sum_{i=1}^{n} x_i \tag{2-52}$$

样本方差：
$$s^2 = \frac{1}{n-1}\sum_{i=1}^{n} (x_i - \bar{x})^2 \tag{2-53}$$

样本极差：
$$R = x_{max} - x_{min} \tag{2-54}$$

样本标准差：
$$s = \left[\frac{1}{n-1}\sum_{i=1}^{n} (x_i - \bar{x})^2\right]^{\frac{1}{2}} \tag{2-55}$$

原点矩：
$$a_k = \frac{1}{n}\sum_{i=1}^{n} x_i^k \tag{2-56}$$

中心距：
$$m_k = \frac{1}{n}\sum_{i=1}^{n} (x_i - \bar{x})^k \tag{2-57}$$

3 可靠性工程传统应用理论

可靠性工程是建立在概率统计基础上的以研究装备等产品失效规律为主要内容的一门应用学科。可靠性工程的主要目的是从产品寿命周期角度出发分析和研究可靠性，并以一定的方法阐释实现和保证产品可靠性的应用技术。

鉴于可靠性与装备立项论证、方案设计、过程研制、生产验证、试验鉴定、日常使用、维修保障等各个阶段密切相关，从全方位全寿命周期而言是贯穿于全系统、全过程、全要素的，因此，可靠性工程可以视为保证装备达到其可靠性基本要求而组织实施的一系列相关采集、统计、建模、处理、评估、改进的工程技术应用与控制管理工作。

3.1 可靠性相关概念与特征描述

3.1.1 可靠性

可靠性是指产品贯穿于其整个生命周期内的“经久、耐用”特性，即在规定的条件和设定的时间内，完成既定功能所能正常发挥程度的能力。可靠性指标一般指可靠度、可用度、单位时间内平均故障次数、平均持续工作时间、平均故障间隔、平均寿命等。

所谓规定的条件，一般是指环境条件、使用条件及维护保养条件，亦即包括温湿度等应用环境以及满载或轻载等操作技术、技能运用等使用方法方面。

所谓设定的时间，一般是指时间函数的界定范围以及与时间相关联的动作次数、发射次数、实航次数、航行距离等，以表示产品功能在时间上稳定程度的特征量。

所谓既定的功能，一般是指规定应完成的任务，主要体现于产品的战术技术性能指标等。

3.1.2 可靠度

可靠性的概率度量亦称为可靠度。可靠度是对产品可靠性特征的定量描述，是表示其可靠性高低的一种量值指标，即指产品在规定的条件和设定的时间内，能够正常有效完成既定功能的相关概率。

同等条件下，设定的时间越短产品可靠度反而越大，设定的时间越长产品可靠度反之越小，因此可靠度是与时间因素密切相关的函数，可标记为 $R(t)$，称为可靠度函数，如图 3-1 所示。

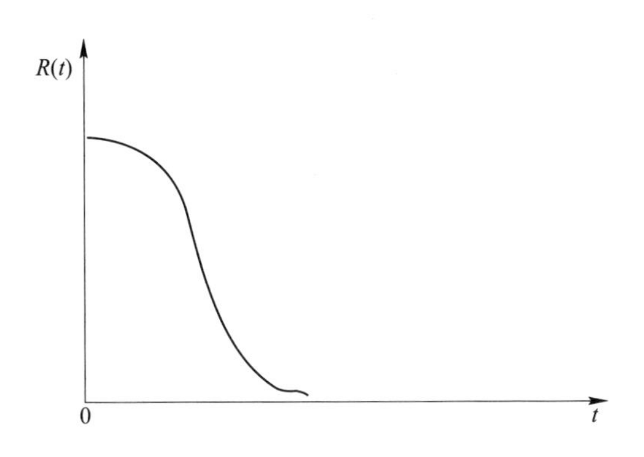

图 3-1 可靠度与时间关系曲线

若产品工作起始时刻标记为 $t=0$，从正常工作至产品失效累积的时间为产品寿命 X。寿命 X 为一个随机变量，产品的可靠度即为产品寿命 X 超过 t 的概率，即：

$$R(t) = P\{X > t\} \tag{3-1}$$

经可靠度与时间关系曲线分析可知：

产品起始时刻 $R(0)=1$；无限期使用之后 $R(\infty)=0$；一般情况下 $0 \leqslant R(t) \leqslant 1$。

3.1.3 不可靠度

由可靠度的定义反推可知，不可靠度是指产品在规定的条件与设定时间内无法完成既定功能的概率，即为 t 时间内累积的失效概率。最常见的故障一般有随机故障与疲劳磨损故障。

对于一个时间 t，若其寿命 $X \leqslant t$，则 $X \leqslant t$ 的事件概率为：

$$F(t) = P\{X \leqslant t\} \tag{3-2}$$

$F(t)$ 即为产品不可靠度，表现为失效分布函数，如图 3-2 所示。

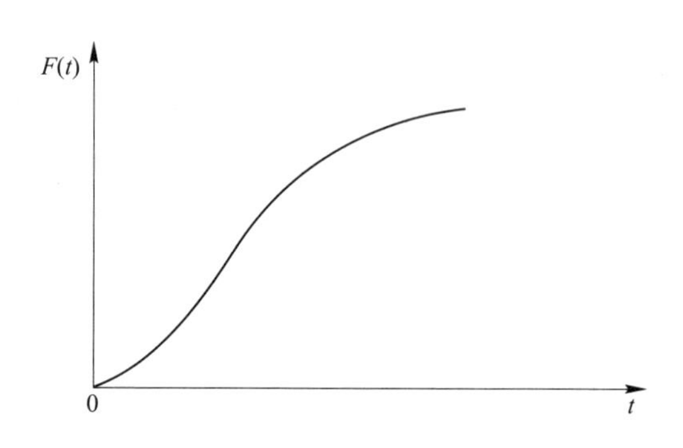

图 3-2　不可靠度与时间关系曲线

由于产品完成与不能完成既定功能是互逆事件，所以其可靠度与不可靠度也是互逆事件，由此可见：

$$R(t) + F(t) = 1 \tag{3-3}$$

3.1.4　可靠性指标的目标值与最低要求

可靠性参数分为使用参数与合同参数，其量值分别称为可靠性使用指标与可靠性合同指标。可靠性使用参数是能够直接反映对装备使用要求的可靠性参数，如平均维修间隔时间（MTBM）、任务成功概率（MCSP）等；合同参数是合同与研制任务书中关于表达使用方订购时对装备可靠性要求的且研制方在通过研制与生产能够控制的参数，如平均故障间隔时间（MTBF）、任务可靠度 $R(t)$ 等。

可靠性使用指标可分为目标值和门限值；可靠性合同指标可分为规定值和最低可接受值。目标值和门限值分别是可靠性使用指标中期望达到与必须达到的可靠度值；规定值和最低可接受值分别是可靠性合同及研制任务书中期望达到与必须达到的可靠度值。可靠度规定值是产品达到的目标规定值，是进行可靠性设计与鉴定的依据；可靠度最低可接受值是验证或抽检可以接受的可靠度下限值。

目标值和门限值分别是确定规定值和最低可接受值的依据。

3.1.5 基本可靠性模型

产品在规定条件下，无故障的持续时间或概率称为基本可靠性。

基本可靠性模型是基于寿命剖面内，主要包括一个基本可靠性框图和一个相应的可靠性数学计算模型。

基本可靠性模型本质上属于一个串联性质的模型，与此同时包括相关冗余或替代工作模式的子系统皆按照串联模式处理，进行可靠性评估。

3.1.6 任务可靠性模型

产品在指定的任务剖面内所完成既定功能的能力称为任务可靠性。任务可靠度即在规定的条件下和指定的任务剖面内，产品完成既定功能的概率。

所谓任务剖面即为产品在遂行任务时段内所经历的事件与环境的时序描述，以及持续时间的长短。

任务可靠性模型主要包括一个任务可靠性框图和一个相应的可靠性数学模型，核心是确定任务剖面。

任务可靠性模型在本质上反映为串并联混合结构或者与此相类似的结构，用于产品遂行任务过程中完成既定功能达到的概率。

在全系统既无冗余又无代替工作模式情况下，基本可靠性模型方可用来等效估计该系统的任务可靠性。

3.1.7 可靠性框图

可靠性框图是通过简捷直观表达的框图形式，呈现全系统在全寿命周期内或执行完成任务期间与所有子系统之间可靠运行时的逻辑关系。

若编制可靠性框图，需务必深入了解产品任务及使用过程中的相关特点与要求。

3.1.8 可靠性失效曲线

可靠性工程实践中，经研究分析发现诸多产品在整个生命周期内总结出的规律是呈现一条典型的具有基本相似特征的失效率变化曲线，也称为故障率曲线。这条曲线具有两端高翘、中间低平的特点，俗称浴盆曲线，如图 3-3 所示。

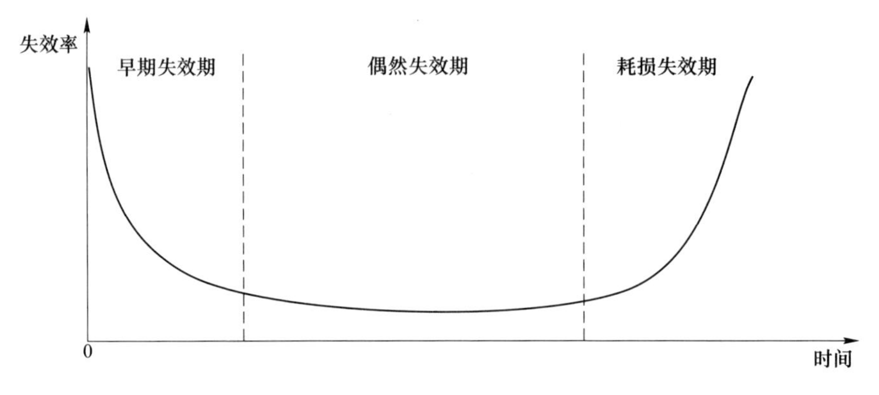

图 3-3　产品故障率曲线

由图 3-3 可见，全周期内的故障率曲线可划分为三个基本阶段：早期失效期、偶然失效期、耗损失效期。

产品早期失效期内初始阶段失效率高，反映了设计、制造、工艺装配等方面存在的缺陷及薄弱环节，伴随时间的推移可迅速降低。

产品偶然失效期内，失效率一直较低且趋于平稳，近似为一个常数，为产品最佳运行阶段，所谓产品的使用寿命即界定为本阶段对应的时间范畴。通常所说的可靠性目标就是指产品在这个预期使用寿命阶段内没有转化为磨损阶段的概率。

产品耗损失效期内接近产品寿命的末期，失效率伴随时间推移而迅速上升。此类失效主要是缘于产品长期疲劳、劳损等性能降低所引发的。

3.2　可靠性常用模型

3.2.1　串联系统可靠性传统模型

全系统中任一子系统的失效均会导致该系统功能产生失效，由此类子系统组成的全系统称为串联系统。换言之，在可靠性串联模型中，只有组成全系统的各子系统全部正常运行，全系统才能正常可靠地运行。

如图 3-4 所示，假定某系统由 n 个子系统串联组成，而 n 个子系统之间功能能够各自独立运行，则由概率乘法法则可知，全系统的总可靠度为组成该系统的各个子系统的可靠度的乘积，即：

$$R_s = R_1 \times R_2 \times \cdots \times R_i \times \cdots \times R_n = \prod_{i=1}^{n} R_i \tag{3-4}$$

由式（3-4）可知，$R_s \leq R_i$，串联系统的可靠度小于子系统其中的最低可靠度。

图 3-4　串联系统可靠性框图

例如鱼雷由总体、动力、控制、自导、引信等单元组成，各个单元的可靠性输入与全鱼雷的可靠性输出之间就达成一个典型的串联系统的逻辑关系。

3.2.2　并联系统可靠性传统模型

全系统中只有子系统全部失效时才会导致该系统的功能产生失效，由此类子系统组成的全系统称为并联系统。换言之，只要全系统中的子系统存在其中一个能够正常运行，则全系统即可正常运行，如图 3-5 所示。

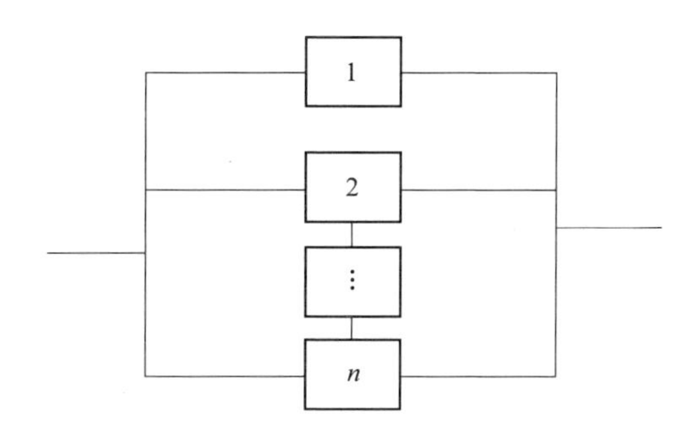

图 3-5　并联系统可靠性框图

并联系统是冗余系统中最简单直观的一种，每个子系统皆可视为一种热备份或正常运行的子系统之一并与其他子系统形成全系统的交织组合体。

由于子系统之间是相互独立的，由概率论可知：

$$R_s = 1 - F_s = 1 - \prod_{i=1}^{n} F_i = 1 - \prod_{i=1}^{n} (1 - R_i) \tag{3-5}$$

由式（3-5）可得 $R_s \geq R_i$，并联系统可靠度高于子系统中的最高可靠度。

3.3　可靠性预计

装备系统自设计方案论证阶段开始，就需要对其可靠性进行预计。可靠性预计就是预先估计系统可靠性指标目标与实现可行性，即通过某个高层级系统所组成的各个子系统的可靠度筹划达成该高层级系统的可靠度结果估算情况。可靠性预计覆盖装备设计研制期间的整个阶段，通过不断修正、日臻完善，形成最佳设计方案，以期达到或超越可靠性指标。

估计相关设计产品能否达到所规定的可靠性要求的其中一种方法就是建模与预计。建模的主要目的就是为了更好地对产品进行可靠性分析抑或可靠性预计。可靠性建模的核心是综合考虑全系统与各个子系统以及单元之间由低到高、自下而上、由部分至整体的逻辑关系。

建模和预计必须在研制的初期阶段进行展开实施，以便为产品设计方案评审提供支撑，为产品可靠性分配及不断修正提供科学的依据。为了科学定量分配、预计和评估产品的相关可靠性，装备系统必须建立可靠性模型。可靠性模型分为基本可靠性模型和任务可靠性模型。

基本可靠性模型是一个全串联性质的模型。因此，全系统串接的子系统单元越多，其基本可靠性就越低。而任务可靠性模型是用来估计产品执行任务过程中完成规定功能的概率。任务可靠度模型中一般子系统皆有储备单元，因此全系统中链接的子系统越多，其任务可靠性就越高。任务可靠性模型可分为串联、并联、旁联及混联等诸多形式。

3.3.1　可靠性预计任务

可靠性预计有以下任务：

（1）在方案论证阶段，可依据可靠性模型进行方案择优。

（2）在工程研制阶段，可依据可靠性模型进行可靠性指标分配、预计及试验检验与验证。

（3）在产品使用阶段，可运用可靠性模型进行可靠性评估评价。

3.3.2　可靠性预计方法

可靠性预计应在研制的初期阶段进行实施，以确信分配至产品各下一层级可靠性指标的可行性，且需要反复多次迭代进行，直至满足要求。

方案论证阶段，通常可采取相似产品法；初期设计阶段，机械产品可采取相似产品法，机电电子产品可采取元件计数法；深化设计阶段，机电电子产品可采取应力分析法。

3.4 可靠性分配

可靠性分配是在产品设计研制初期阶段，在可靠性预计基础上，将研制总要求或任务书中规定的系统可靠性指标，经过分析权衡，按照一定的分配方法，合理分配到各个子系统（以及子系统以下层级的设备或部件上），明晰可靠性设计要求，研究相关实现方法。遵循研制的科学规律，可靠性分配可反复迭代多次进行，并留有冗余以备调整，确保总体合理可行。

可靠性分配工作尤为重要，首先是必须建立逻辑关系准确的可靠性模型，并综合评估各子系统的复杂程度、技术新老程度、技术实现难易程度、可靠性现实水准及相对重要程度，必要时可选择作出加权系数的分解，然后做出科学合理的分配。

可靠性分配的指标应依据合同的规定值予以分配，并可在规定的可靠性指标基础之上，明确一定的冗余量作为设计目标值进行有关分配。

一般进行可靠性分配时，无论子系统的逻辑关系如何，首先将各个子系统视为串联关系以合理的方法进行分配；当所分配的指标高于预测值时，另行分配或一并考虑兼顾冗余设计分配调整及融合问题。

系统可靠性指标分配有多种方法，如等分配法一般在产品的方案论证与方案设计阶段被考虑采用，分配简捷，操作便利，但其考虑系统的差异性不足；比例分配法一般适于与老系统相似的新系统在方案论证与设计阶段中的应用；评分分配法通常基于无可借鉴的先验数据信息，一般在产品初样阶段被采用；可靠度再分配法一般在产品正样阶段被采用。

3.4.1 等分配法

等分配法相对简单，是对以同一组合性质构成全系统的所有子系统或可化解的所有等效层级，按照其全系统集成可靠度数学逻辑特性进行逆运算，并配以相同可靠度值的一种分配方法。

例如：某系统由 n 子个系统串联而成，若设定全系统可靠性指标为 R_s，当各子系统的运行时间与系统任务时间几乎相等，子系统之间可靠性水平几乎相当，则可按照等分配法进行分配，分配给各子系统的可靠性指标 R_i 为：

$$R_i = \sqrt[n]{R_s} \tag{3-6}$$

一般情况下等分配法可分为串联系统等分配法、并联系统等分配法以及串并联系统等分配法等。但是在应用中，经常是对其他复杂系统，首先筹划进行逐步简化合并为由多个层级组成的串联系统，然后再酌情考虑是否进行等分配及进一步调整事宜。

3.4.2　比例分配法

比例分配法是指依照系统可靠性预计结果，计算出各个子系统不可靠度预计值占全系统不可靠度预计值的权重比例来进行分配的一种方法。

对于之前子系统可靠性预计值的高低情况，对其可靠性指标分配按照相应的高低比例进行。然后视情调整，逐步达到合理可行。

最终验证的尺度为总可靠度分配值应大于可靠度设计指标值。

3.4.3　评分分配法

系统设计之初，工程上可依托技术专家针对“复杂程度、技术难度、重要度和故障后果、环境条件影响程度”四种因子依次评分的方法进行可靠性分配，每种因子分值控制在 1～10 之间进行选择。

根据评分结果及不同层级，为每个子系统或更下一级系统分配可靠性指标。

评分准则如下：

（1）评复杂程度。系统组成复杂或集成度高的为高分值；反之简单或层级少的为低分值。

（2）评技术难度。系统技术程度低、改动可能性小的为高分值；反之为低分值。

（3）评重要度与故障后果。系统故障后果较轻的为高分值，反之为低分值。

（4）评环境条件好坏程度。系统所处环境条件较差的为高分值，反之为低分值。

评定方法如下：

$$\omega_i = \prod_{j=1}^{4} r_{ij} \tag{3-7}$$

$$\omega = \sum_{i=1}^{n} \omega_i \tag{3-8}$$

$$C_i = \frac{\omega_i}{\omega} \tag{3-9}$$

$$\lambda_i = C_i \lambda_s \tag{3-10}$$

式中 ω_i——第 i 个系统评分值；

r_{ij}——第 i 个系统第 j 个因素评分值；

ω——系统评分值；

C_i——第 i 个系统评分系数；

λ_s——第 i 个系统故障率；

λ_i——第 i 个系统故障率分配值；

j——因素，$j=1$、$j=2$、$j=3$、$j=4$ 分别表示复杂程度、技术难度、重要度与故障后果、环境条件；

i——子系统数，$i=1, 2, \cdots, n$。

常规的评分分配法仅适用于串联系统或类似的等效系统等，对冗余系统或混联系统则较难以展开应用。

3.4.4 可靠度的再分配法

在装备系统设计阶段，通过预计得到全系统的可靠度 R_y，与规定的可靠性指标 R_s 相比较，若 $R_y<R_s$，即所设计的方案无法满足规划的可靠性指标要求，则需进一步改进设计以提升其相应的可靠性，因此需要对各下一层级各子系统的可靠性指标再行分配。

一般针对两种情况，一是所有子系统的预计值均低于分配值，二是部分子系统的预计值高于分配值，剩余子系统的预计值均低于分配值。

可靠度再分配就是把原来可靠度较低的下一级子系统的可靠度进一步提高到某个量值，同时对原来可靠度较高的下一级子系统的可靠度保持不变。

3.5 可靠性增长试验

可靠度增长是指随着产品设计、研制、验证、生产等阶段有关工作的推行，不断消除其存在的薄弱环节，对其规划的可靠性特征量随着时间进行逐步改进、予以提升的过程。可靠度增长可适用于装备系统的硬件、软件系统。

可靠性试验一般可分为环境应力筛选、可靠性研制试验、可靠性增长试验、可靠性鉴定试验、可靠性验收试验、寿命试验，其中一个特别重要的阶段就是可靠性增长试验。

可靠性增长试验是指有计划、有步骤地实施试验，激发产品存在的薄弱环节并产生故障，通过分析故障发生的原因，提出设计相关改进的措施并验证，从而使得产品可靠性实现逐步递升目标的有效活动。其科学的手段就是通过“试验—分析—改进—再试验”的过程与方法进行反复循环迭代，达成工程上的预期目标。

可靠性增长试验通常安排在工程研制阶段中后期基于产品技术状态基本固化之后和可靠性鉴定试验之前进行，其增长的目标一般选取可靠性鉴定时的可靠度最低可接受值。可靠性预计值原则上不能作为可靠性增长试验的增长目标值。

按照国军标 GJB 450A—2004 的规定可靠性增长试验一般只在装备研制阶段进行，由于在研制阶段可靠性增长试验的增长目标是鉴定时的可靠度最低可接受值，且产品成熟期的可靠性目标值实属难以探究，必要时可靠性增长试验可延伸至生产阶段甚至于使用方使用阶段继续进行，并视情况安排进行可靠性增长试验或可靠性补充试验。

3.5.1　可靠性增长试验模型

可靠性增长试验模型，是指通过一个以时间为函数的数学模型来阐释产品可靠性持续改进过程中所产生的趋势变化规律。产品在各个时段的失效信息并非源自同一本体，有时可来自本体的同源相似体（同一孤立批或连续批），因此需要采用变动统计学原理来建立可靠性增长模型。变动统计可体现出“小子样”“异总体”的特点。

3.5.1.1　杜安模型

杜安模型是用以表达可靠性增长试验工程中极其常用的一种数学解析模型，是利用累积试验时间与累积失效间的逻辑关系，导出可靠性增长剖面。杜安模型也可以视作是以对数试验时间为自变量的线性模型。

杜安模型假设机理：在可靠性工作持续不断的改进过程中，可认为产品的累积失效率 $\lambda(t)$ 与累积试验时间数 t 之间逻辑关系符合如下函数关系：

$$\lambda(t) = \frac{N(t)}{t} = at^{-m} \tag{3-11}$$

式中 $N(t)$——时刻的累积失效次数；

m——增长率，$0<m<1$；

a——尺度参数，表示由环境背景情况而定的常数，$a>0$。

杜安模型研究表明，产品在增长试验过程中，其累积故障率对于累积试验时间形成的逻辑关系，在两边求对数后的坐标上态势显示为趋于一条直线，即：

$$\ln\lambda(t) = \ln\left[\frac{N(t)}{t}\right] = \ln a - m\ln t \tag{3-12}$$

式中 a，m——两边求对数之后坐标轴上该直线的截距和斜率。

工程实践应用中，杜安模型形象、简捷、直观，适于进行参量估计，不足的是在拟制可靠性增长计划中难以给出可靠性增长所需要的时间量。

3.5.1.2 AMSAA 模型

AMSAA 模型认为可维修产品关联失效的累积过程是一个特定的非齐次泊松过程，应用韦布尔过程来模拟研制阶段的可靠性增长。其主旨是将产品可靠性增长的关联失效累积过程建立于一个特殊的随机过程之上。

可维修产品关联失效强度函数为韦布尔失效函数：

$$\lambda(t) = abt^{b-1} \tag{3-13}$$

式中 a——尺度参数，$a>0$；

b——形状参数，$b>0$；

t——累积试验时间。

当 $b<1$ 时，$\lambda(t)$是减函数，产品可靠性呈递增的趋势；

当 $b>1$ 时，$\lambda(t)$是增函数，产品可靠性呈递减的趋势；

当 $b=1$ 时，失效强度函数值 $\lambda(t)$为一个常数 a，这是齐次泊松过程，表明产品可靠性不增不减。

AMSAA 模型的均值函数为：

$$E[r(t)] = r(t) = \int_0^t \lambda(t)\mathrm{d}t = at^b \tag{3-14}$$

当 t 趋近于 0 时，模型的失效率趋于零；当 t 趋近于 ∞ 时，模型的失效率趋于无穷大。以上两种极限情况，则与工程的具体实际情况不相符合。

AMSAA 模型与试验数据信息具有良好的拟合优度，适用于以时间或距离参量来度量其使用性的相关系统，不足的是只能限定于单一闭环的试验阶段，不能跨越试验阶段来进行可靠性综合评估应用。

3.5.2 可靠性增长试验统计方法分析

寿命试验中实际上若收集到全部样本是不现实的，一般收到的皆是截尾样本。在可靠性增长试验过程中，由于试验方式不同，对于可修产品可获得的关联失效时间序列目前有两种方法，一种是定时截尾方法，一种是失效定数截尾方法，分别如下：

$$t_1, t_2, t_3, \cdots, t_n, T \tag{3-15}$$

$$t_1, t_2, t_3, \cdots, t_n \tag{3-16}$$

式中 t_i——第 i 个失效发生时所累积产生的试验时间；

n——预先设定的产品关联失效次数。

以上两种方法虽然表示的皆是可靠性试验结束之前产品失效累积产生的试验时间，最根本的区别就在于最后一个截尾的时间数据性质。

定时截尾法，其最后一个数据是 T，特指预先设定的试验结束时间；失效定数截尾法，其最后一个数据是第 n 次预定计划失效发生时的累积试验时间 t_n。

需要指出的是，除有组织有计划的定时截尾法、定数截尾法外，还有一种较常见的随机截尾法。多数情形下，累积验证数据的性质是通过随机截尾所获得的。

3.6 可靠性验证试验

所谓试验是指通过有组织、有计划地改变相关变量进行操作来发现某种未知的事件或表明某种已知事件的活动以获取对应效果的过程。利用试验的方法对产品可靠性进行鉴定及验收称为可靠性验证试验。可靠性验证试验结果一般采用统计方法予以实现。

可靠性验证试验旨在检验产品的可靠性是否达到规定目标的要求，发现设计、生产中存在的相关问题，以及以一定置信度或置信区间验证产品可靠性特征量值是否符合规定的要求。

在设计定型或生产定型时，为验证其可靠性水平是否满足指标要求，一般安排必要的可靠性验证试验。按照产品性质来分，可靠性验证试验分为可靠性鉴定试验与可靠性验收试验。可靠性鉴定试验是为了验证设计产品是否达到规定的可靠度最低可接收值；可靠性验收试验是为了检验批产品是否达到合同规定的可靠性定量要求。

产品经定型转入批量生产后，产品可靠性同样必须确保设计规定的要求，因此必须进行检验验证。由于是批生产，其生产过程中相关条件与定型时的产品生产时机相比可能会存有差异性而影响新品的可靠性，因此交付使用前需安排专门批检，一般进行抽样检验以对批产品实施概率检验。同一批产品的质量肯定存在密切的内在联系，且产品是在同样稳定条件下生产的，所用的抽检子样数基本具备代表生产批的质量特性，在明确界定好批量大小后，需由订购使用方主导并协调生产方设计好抽样方案。

可靠性鉴定试验和可靠性验收试验一般也需进行抽样检验，抽样检验方案具体可分为成败型试验的抽样检验方案和指数寿命统计试验方案。

在产品批生产过程中，需要确定一个良好的抽样检验方案。因此选择抽样方案时，要考虑确定使用方与生产方双方可以承担的风险。试验样本越多其风险越小，试验样本越少其风险越高。一般情况下，通用规则是生产方风险为5%、使用方风险为10%；最合理的情况一般是规定的生产方风险与使用方风险机会均等，原则上需控制在20%以下。

3.7 可靠性评定

可靠性评定分为单元级可靠性评定与系统级综合可靠性评定。可靠性评定方法多种多样，有基于验前信息或无验前信息的，有区分点估计或区间估计的，有精确评估或基于各类分布近似评估的。在此有代表性地简要介绍几种。

3.7.1 单元级可靠性评定

无先验信息时，成败型单元系统可靠性一般采用经典评定方法。

若单元系统进行 n 次试验，成功 s 次，失败次数为 $f=n-s$，置信水平为 γ，则单元系统可靠度的点估计为：

$$\hat{R}_c = \frac{s}{n} \tag{3-17}$$

已知置信度为 γ 时，可求解单元可靠度的置信下限 R_{LC} 满足：

$$\sum_{i=0}^{f} C_n^i R_{LC}^{n-i} (1 - R_{LC})^i = 1 - \gamma \tag{3-18}$$

3.7.2 系统级综合可靠性评定

系统可靠性评定也称为可靠性综合评估，是建立在有效的系统可靠性评估模型基础上，并通过对系统开展有计划、有针对性的试验信息采集，以统计分析的方法，对系统可靠性进行的一种集成量化评估。

利用各子系统的相关试验可靠性信息，并将其集成至上一层高级系统，如此逐级解析直至所需的顶层事件，这就是金字塔形综合可靠性评定方法。

评定方法主要包括精确评定方法、经典评定方法、贝叶斯评定方法。在此，着重介绍一下常用的 LM、MML 等经典法。

3.7.2.1　LM 方法

LM 法：若系统由 m 个成败型子系统串联组成，置信水平为 γ，第 i 个子系统试验次数、成功次数分别为 n_i、s_i次。系统设想的虚拟等效试验次数、成功次数分别设为 N、S。S 未必是整数，可设 $[S]$ 为最接近 S 的整数。其中：

$$\begin{aligned} N &= \min\{n_i, i = 1,2,\cdots,m\} \\ S &= N\prod_{i=1}^{m} \frac{s_i}{n_i} \end{aligned} \tag{3-19}$$

设 R_{1L}和 R_{2L}满足：

$$\begin{aligned} \sum_{k=[S]}^{N} \binom{N}{k} R_{1L}^k (1 - R_{1L}^k)^{N-k} &= 1 - \gamma \\ \sum_{k=[S]+1}^{N} \binom{N}{k} R_{2L}^k (1 - R_{2L}^k)^{N-k} &= 1 - \gamma \end{aligned} \tag{3-20}$$

且 $R_{1L}<R_{2L}$，若产品的置信下限为 R_{LM}，则 R_{LM}满足：

$$R_{LM} = R_{1L} + (S - [S])(R_{2L} - R_{1L}) \tag{3-21}$$

利用系统的等效可靠性数据所得到的系统可靠性评定结果精度较高，且使用方便，特别方便于系统试验数据的综合。LM 方法在工程中应用广泛，适于子系统组成的成败型串联系统。

3.7.2.2　MML 方法

MML 法：若系统由 m 个成败型子系统串联组成，第 i 子系统试验次数、

成功次数分别为 n_i、s_i。通过等效数据，则系统的综合可靠性评估结果可求。若系统设想的虚拟等效试验次数、成功次数分别设为 N、S，$F=1-S$，则 N、S 结果为：

$$\begin{cases} N = \dfrac{\prod\limits_{i=1}^{m} \dfrac{n_i}{s_i} - 1}{\sum\limits_{i=1}^{m} \dfrac{1}{s_i} - \sum\limits_{i=1}^{m} \dfrac{1}{n_i}} \\ S = N \prod\limits_{i=1}^{m} \dfrac{s_i}{n_i} \end{cases} \tag{3-22}$$

已知置信度为 γ 时，可求解系统可靠度的置信下限 R_{LC} 满足：

$$\sum_{i=0}^{F} C_n^i R_{LC}^{n-i} (1 - R_{LC})^i = 1 - \gamma \tag{3-23}$$

MML 方法适应面广，评估精度较高。

3.8 系统效能评估模型

3.8.1 基本模型

装备系统的效能是指装备系统在规定的作战背景条件与设定时间内完成既定作战任务的能力或达到预期可能目标程度的度量。装备系统的效能评估包括单项效能评估、系统效能评估、作战效能评估。

装备效能逻辑关系是装备系统属性与效能密切相关的数学模型，主要有两种类型：一种是乘法模型，另一种是加法模型。

乘法模型是由关键属性的多因子测量值的乘积，得出系统效能量度值；加法模型是将关键属性的多因子测量值与其相对应的加权赋值乘积之和，得出系统效能量度值。

从狭义角度而言，串并联系统可靠度传统模型（串联系统从各子系统可靠度角度观察出发，并联系统从各子系统失效角度观察出发）具备与多因子概率量值乘积数学模型的类比性，是一种效能的乘法模型；同时从广义而言，传统意义上的串并联可靠度模型究其实是基于其可靠度分量（即可靠度置信区间的可靠度分量值，而非子系统的可靠度值）集成全系统可靠度的数学逻辑关系而求解得出的模型，则是一种效能加法模型。

WSEIAC 模型是目前武器系统效能评估应用广泛的一种比较成熟的效能模

型，是美国武器系统效能工业咨询委员会（WSEIAC）建立的一个效能模型，是典型的乘法模型，也是全概率公式的一种具体应用体现。

WSEIAC 模型主要通过系统可用度（$\boldsymbol{A}$）向量、可信度（$\boldsymbol{D}$）矩阵与固有能力向量（$\boldsymbol{C}$）三个关键属性量以判定系统效能（$\boldsymbol{E}$），其各个属性量皆可以概率进行表达。为此，WSEIAC 模型也称为 ADC 模型，是基于系统状态以系统的总体构成为对象、以完成既定任务为前提而进行效能评估的一种概率模型。

系统有效完成既定任务的概率是效能评定输出方法中约定俗成的度量指标，是需要通过预先处理、综合解析而得出的结论。装备效能常常所指的是该系统完成既定任务的概率，即 E 是单因子单一行向量数值，则存在：

$$E^{\mathrm{T}} = \boldsymbol{A}^{\mathrm{T}}\boldsymbol{DC} = [a_1,\ a_2,\cdots,a_i,\cdots,a_n]\begin{bmatrix} d_{11} & d_{12} & \cdots & d_{1j} & \cdots & d_{1n} \\ d_{21} & d_{22} & \cdots & d_{2j} & \cdots & d_{2n} \\ \vdots & \vdots & & \vdots & & \vdots \\ d_{i1} & d_{i2} & \cdots & d_{ij} & \cdots & d_{in} \\ \vdots & \vdots & & \vdots & & \vdots \\ d_{n1} & d_{n2} & \cdots & d_{nj} & \cdots & d_{nn} \end{bmatrix}\begin{bmatrix} c_1 \\ c_2 \\ \vdots \\ c_j \\ \vdots \\ c_3 \end{bmatrix}$$

$$= \sum_{i=1}^{n}\sum_{j=1}^{n} a_i d_{ij} c_j \tag{3-24}$$

式中　$\boldsymbol{A}$——可用度向量，表示任务开始时装备系统所呈现各个不同状态的度量，是系统启用时的所有可能战备状态的概率；

$\boldsymbol{D}$——可信度矩阵，表示遂行任务阶段装备系统转化状态的度量，是系统处于战斗状态的概率；

$\boldsymbol{C}$——固有能力向量，表示装备系统各种状态下遂行作战任务程度的度量，是系统完成既定作战任务的概率。

通过以上 $E^{\mathrm{T}}=\boldsymbol{A}^{\mathrm{T}}\boldsymbol{DC}$ 的计算可以得到装备系统的效能，以揭示装备系统在作战背景与作战条件下的基本作战能力。

与此同时，通常情况下，可以通过某种解析方法，将 A、D、C 分别集成单一的概率指标，经推算即可获得 E 的单一概率指标：

$$P_E = P_A P_D P_C \tag{3-25}$$

式中，P_E、P_A、P_D、P_C经化解分别对应系统完成目标任务程度 E、系统可用程度 A、系统正常运转程度 D、系统功能与效能发挥程度 C。

通过分析可知：C 的发生是基于 A、D 的发生为前提条件；D 的发生是基于 A 的发生为前提条件。

因此 $P_E = P_A P_D P_C$ 描述了装备在启用成功（如鱼雷的成功发射）、有效运转（如鱼雷的正常航行）与功效正常发挥（如鱼雷发现、攻击、命中并摧毁目标）时的目标任务完成可能性。

假如将 E 视为目标任务完成的事件，则存在：

$$P(E) = P(A)P(D/A)P(C/AD) \tag{3-26}$$

3.8.2 系统关键属性

3.8.2.1 可用性向量

可用性是装备系统在任意随机时刻任务启动时所呈现可能状态的度量。可用性向量表现为行向量 $[a_1, a_2, \cdots, a_i \cdots, a_n]$，$a_i$ 是任务开始时装备系统所呈现第 i 种状态的概率。由于样本空间是由所有状态构成的总体，则有：

$$\sum_{i=1}^{n} a_i = 1$$

若装备系统开始状态只有有效 1 与失效 2 两种基本状态，则：

$$A^{\mathrm{T}} = [a_1, a_2]$$

式中，a_1为可用度，即装备系统在战备阶段呈现有效工作状态的概率；反之，a_2为不可用度，即装备系统在战备阶段呈现失效状态的概率。因此有：

$$a_1 + a_2 = 1$$

由可靠性理论可知：

$$a_i = MTBF/(MTBF + MTTR) \tag{3-27}$$

式中 $MTBF$——系统战备期间平均故障间隔时间；
$MTTR$——系统战备期间平均故障修复时间。

3.8.2.2 可信性矩阵

可信性是装备系统在遂行任务阶段所呈现状态的一种度量，反映了各个子系统运转的可靠程度及持续能力。可信性矩阵为 $n \times n$ 的矩阵 $\boldsymbol{D}$ 如下：

$$
\boldsymbol{D}=\begin{bmatrix} d_{11} & d_{12} & \cdots & d_{1j} & \cdots & d_{1n} \\ d_{21} & d_{22} & \cdots & d_{2j} & \cdots & d_{2n} \\ \vdots & \vdots & & \vdots & & \vdots \\ d_{i1} & d_{i2} & \cdots & d_{ij} & \cdots & d_{in} \\ \vdots & \vdots & & \vdots & & \vdots \\ d_{n1} & d_{n2} & \cdots & d_{nj} & \cdots & d_{nn} \end{bmatrix} \tag{3-28}
$$

式中　d_{ij}——已知装备系统遂行任务阶段第 i 种状态转化为第 j 种状态后的概率。

对于系统在开始执行任务时的任何第 i 种状态，可能在遂行任务过程中会发生 n 个转化状态，自始至终的所有状态构成状态转化的样本空间。因此，$\boldsymbol{D}$ 矩阵中每一行多因子之和等于 1，即：

$$
\sum_{j=1}^{n} d_{ij} = 1 \qquad i = 1,2,\cdots,n
$$

若装备系统在遂行任务过程中只有有效 1 与失效 2 两种状态，则：

$$
\boldsymbol{D}=\begin{bmatrix} d_{11} & d_{12} \\ d_{21} & d_{22} \end{bmatrix}
$$

式中　d_{11}——装备系统开始执行任务时呈现有效工作状态，而在任务遂行过程中依然呈现有效工作状态的概率；

d_{12}——装备系统开始执行任务时呈现有效工作状态，而在任务遂行过程中失效的概率；

d_{21}——装备系统开始执行任务时呈现失效状态，而在任务遂行过程中恢复有效工作状态的概率；

d_{22}——装备系统开始执行任务时呈现失效状态，而在任务遂行过程中依然呈现失效状态的概率。

与此同时，经对可修复系统和不可修复系统分析可知：

（1）可修复系统。对可修复系统，当系统的故障率与修复率已知以及故障及维修皆服从指数分布时，即可求出 d_{ij}。

（2）不可修复系统。对不可修复系统，若 $\boldsymbol{D}$ 矩阵中的元素 d_{ij} 按照 ij 由小至大排列且相对应的故障逐步严重时，当 $i>j$ 时，$d_{ij}=0$。

3.8.2.3　能力向量

装备系统的能力是指其完成既定任务的程度，它既与系统状态有关，更与系统的能力密切相关。能力向量是一个列向量 $\boldsymbol{C}=[c_1,c_2,\cdots,c_n]^{\mathrm{T}}$，$c_j$为系统在 j 状态下完成既定任务的概率，因此：

$$\sum_{j=1}^{n} c_j = 1$$

若系统在遂行任务过程中只有有效 1 与失效 2 两种基本状态，则：

$$\boldsymbol{C} = [c_1, c_2]^{\mathrm{T}}$$

式中 c_1——系统在有效工作状态下完成既定任务的概率；

c_2——系统在失效状态下完成既定任务的概率。

因此有：

$$c_1 + c_2 = 1$$

因为系统能力向量中的因子关系经常表现为多个概率的乘积。以鱼雷为例，其在遂行任务过程中若呈现第 j 种状态，完成既定任务的概率 c_j可为：

$$c_j = P_{rj} P_{sj} P_{kj} \tag{3-29}$$

式中 P_{rj}——系统在遂行任务过程中所呈现第 j 种状态时发现目标的概率；

P_{sj}——系统在遂行任务过程中所呈现第 j 种状态时的生存概率；

P_{kj}——系统在遂行任务过程中所呈现第 j 种状态时杀伤目标的概率。

3.9 装备一次抽样检验方法

3.9.1 抽样检验及其特性曲线

产品检验的方法主要有全数检验和抽样检验两种方法。小批量产品可以考虑全数检验方式，大批量产品通常会采用抽样检验方式。

抽样检验是指客观上从交验的批产品中随机抽取一定合适的数量而进行的质量检验，亦即从总体中随机抽取小样本量进行检验，并根据预先约定的评定标准与检验结果进行比较评判以裁定该批产品是否合格的一种质量检验统计方法。

按照检验特性值的属性，抽样检验一般可分为计数抽样检验与计量抽样检验。计数抽样检验又分为一次抽检、二次抽检、多次抽检及序贯抽检。

当一批产品依照试验设计方案来进行抽样检验时，批产品被判定合格后而接收的概率称为接收概率，记为 $L(P)$。$L(P)$是不合格率 P 的函数，也称为抽样特性函数曲线。当批产品的不合格率 P 未超过合格质量水平 P_0时，可

以认定该批产品是合格的，否则即为不合格，如图 3-6 所示。

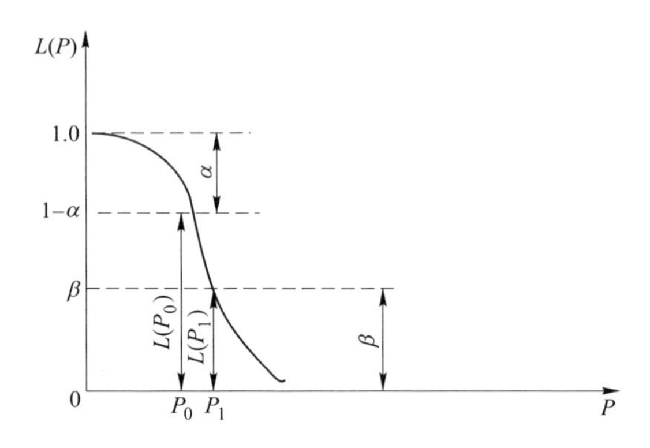

图 3-6　不合格率与风险率关系

3.9.2　抽样检验风险分析

抽样检验虽然是从批产品中抽取部分样本的一种检验活动，但其主要与产品的质量水平密切相关。其内在的本质特征是体现以局部来代表总体并据此推断出整批产品质量特性，由于总体中的个体在质量水平方面不完全具有趋向的类同性，因此未免会发生“以偏概全”的情形，从而会给生产方与使用方带来不同程度的风险及产生错误判断。

抽样检验主要可能存在两种错误概率风险，换言之，只要涉及检验方案，就会可能产生大小不一的两类错误。第一类错误是将合格批错判为不合格批而拒收，即存在“以好抵次”的错误概率 α，称为生产方风险；第二类错误是将不合格批误作合格批而接收，即存在“以次充好”的错误概率 β，称为使用方风险。

如图 3-6 所示，由此分析可知：

当 P 较小时，表明此批产品质量较好，能够得以高概率接收，此时生产方风险 α 较小；P 越接近于 0，接收的可能性越大。

当 P 较大时，表明此批产品质量不好，可以高概率拒收，此时使用方风险 β 较小；P 越接近于 1，接收的可能性越小。

当 $P=0$ 时，批产品接收概率 $L(P)=1$；当 $P=1$ 时，批产品接收概率 $L(P)=0$；当 $0<P<1$ 时，或被接收，或被拒收。

如图 3-6 所示，假如设定好两个指标 P_0、P_1（$0\leqslant P_0<P_1<1$），通过抽样

检验分析可知：

当批产品不合格率$P \leqslant P_0$时，表明该批产品质量较好，可以高概率接收该批产品，P_0称为合格质量水平，标记为AQL。

抽检活动中，即使当$P \leqslant P_0$时，批产品依然尚存被误判为不合格而拒收的可能性。当$P = P_0$时，批产品被拒收的概率为α，即$L(P_0) = 1-\alpha$。一旦$P \leqslant P_0$，则有$1-L(P) \leqslant \alpha$。由此可知，生产方风险是拒收合格产品的最大概率，即发生第一类错误判断的最大概率。

当$P \geqslant P_1$时，表明批产品质量较差，可以高概率拒收，P_1称为不合格质量水平，标记为RQL。

抽检活动中，即使当$P \geqslant P_1$时，批产品依然存在被误判为合格接收的可能性。当$P=P_1$时，批产品接收概率为β，即$L(P_1)=\beta$。因此对于$P \geqslant P_1$时，总是存在$L(p) \leqslant \beta$。由此可知，使用方风险率是接收不合格批产品的最大概率，即发生第二类错误判断的最大概率。

P/P_0是关于抽样特性检验能力的鉴别比，标记为d。在具体实际抽样检验工程中，P、P_0、α、β的大小由使用方与生产方在合同中予以质量水平与风险设计来进行约定，以便于合理地组织开展相关抽样检验活动。

3.9.3　抽样检验解析

3.9.3.1　抽样检验数学模型

（1）N趋于无限大总体时的模型。一个抽样方案若其总体数为N、抽样样本数为n、不合格判定标准数为c，可以表示为（N，n，c）。当批产品总体数N趋于无穷大时，其抽检特性函数服从二项分布，即：

$$L(P) = \sum_{d=0}^{c} C_n^d P^d (1 - P)^{n-d} \tag{3-30}$$

（2）N为有限总体时的模型。当批产品总体数N为有限总体时，其抽检特性函数服从超几何分布，即：

$$L(P) = \sum_{d=0}^{c} (C_{NP}^d C_{N-NP}^{n-d} / C_N^n) \tag{3-31}$$

超几何分布适合于子样数不重复放回总体中的一种抽取应用方式。

（3）不同条件下的模型转换运用。超几何分布模型是基于接收概率解析的一种精算方法。一般情况下，当抽样检验抽取的子样数较小时，可通过超几何分布模型计算来设计抽样方案，见式（3-31）。当然，从理论层面可以认为，超几何分布模型适用于任何 N 与 n，只是计算工作纷繁复杂而已。

当 N 很大（即 n/N 很小）时，可采用二项分布模型作为超几何分布模型的良好近似来确定抽检方案：

$$L(P) \approx \sum_{d=0}^{c} C_n^d P^d (1 - P)^{n-d} \tag{3-32}$$

当 P 很大、n 很小时，可采用泊松分布模型作为二项分布模型的良好近似来确定抽检方案：

$$L(P) \approx \sum_{d=0}^{c} \frac{n^d P^d}{d!} \mathrm{e}^{-nP} \tag{3-33}$$

3.9.3.2　一次抽样检验解析

一次抽样是最简便可行的计数抽检方法，即排除主观因素从批产品 N 中随机抽取一个大小为 n 件的样本，且预先界定好样本可接收的最高不合格判定标准数为 c。若 n 件样本中的不合格数 $d \leqslant c$，则判定该批产品合格并接收；否则，一旦 $d>c$，则判定该批产品不合格予以拒收。

计数抽检方案通常可以由（N，n，c）来表示，N 为总体数。一次计数抽检方案至少应该具备两个参数，一般是抽样样本数 n 和合格判定数 c。当 N 无限大时，在解析计算时则视为与 N 无关，可标记为（n，c）。

按照 3.9.3.1 节中的超几何分布模型、二项分布模型以及泊松分布模型得出的 $L(P_0)$、$L(P_1)$ 代入下列联合方程组来进行计算求解，确立抽检方案。一般（标准）计数一次抽样检验方案（n，c）应满足式（3-34）要求：

$$\begin{cases} 1 - L(P_0) = \alpha \\ L(P_1) = \beta \end{cases} \tag{3-34}$$

4 可靠性新概论内涵

多元装备系统基本构成主要是源于串联系统、并联系统以及串并联混合系统等，其可靠性模型主要解析系统与子系统之间可靠性的逻辑关系，在装备系统论证设计、试验评定、生产批检中得以广泛应用。目前公认的串并联系统可靠度基本评价方法是基于概率论求解的串并联可靠度模型（以下简称可靠性传统模型），是基于有效样本组合分量、总体样本组合总量求解得出的有效率定值。串并联模型在可靠性预计、可靠性分配、可靠性试验与评估等工程实践中发挥着相当重要的作用，也是工程技术人员可靠性研究与应用过程中不可或缺的技术手段。

透过数学本质的背景而言，任何一种理论模型在工程应用中一般是各具特点、互有利弊。可靠性传统模型是基于概率论的有机组合化解得出的结论，是一种普遍应用的有效方式，从理论上而言是毫无异议的，在可靠性工程实践应用中经概括分析可知：其优点是方法统一、数值可求、操作简捷、直观可用，不足是点估计值也并非真值、精度未知、关联置信度缺失。因此从装备系统可靠性领域拓展出发，可以探求其他科学的解析方法，来研究基准可靠度、可靠度值区间及对应的步长关系，为可靠性工程创新运用奠定一种可供选择的理论基础。

4.1 可靠性传统模型的非适宜性条件与问题分析

串并联系统可靠性传统模型采用的是基于全概率组合的方法，在解析过程中，将各个子系统重新拟合成一个整体来进行各种可能组合的全部计算，通过数理统计与解析给出一个总的拟合值或比值。也就是说在理论层面，全部组合中的任意一种组合都是可能存在与发生的，可以通过数学方法来求解得出可靠度的一种点估计值，这种估计值是基于全部有效量与组合总量的比值，也是一种拟合优度处理，可靠度值指向性不够完全明确，其置信度也无法明晰。

无论串联装备系统、并联装备系统抑或串并联混合装备系统，其利用概率论计算出的可靠度值总量在理论上是正确的。但是覆盖可靠度结果数值的发生是存在一定概率的，绝对不是百分之百的概率，对此可靠性传统模型公式无法给出可靠性结果相对应置信度的计算规范或者给出其置信度为 1 的可靠度值。

如果是基于无限样本量的计算，这种条件在实际应用中是根本不存在的，只是一种数学概念而已。因为在实际应用中，装备系统的使用次数皆为有限样本量。

经新的方法研究发现，无论有限样本量还是无限样本量对于可靠度置信区间解析的理论阐述没有根本性的影响，只是无限样本量不过是其中的一种特例而已。在有限样本量的前提下，无论样本量如何变化，同一个全系统其可靠性传统模型计算的可靠度值结果是不变的，但是其置信度结果随着样本量的不同而发生变化。因此，可靠性传统模型描述全系统可靠度的计算方法需要进一步完善、深化。

4.1.1　串联型系统可靠性传统模型分析

若 n 个相互独立子系统组成的装备系统中任一子系统失效均导致系统失效，则该系统为可靠性的串联系统。其系统总可靠度为：

$$R_s = \prod_{i=1}^{n} R_i \tag{4-1}$$

以上装备系统总可靠度是一个组合序列的全概率统计数值，是对串联系统可靠工作可能发生的总体描述。

在此可以定义：假如由各个子系统组成的总体系统，利用子系统之间的某种合理的逻辑关系而解析出全系统的总可靠度量值，可以称该量值为系统的集成可靠度。

如某装备系统 W 中 A 系统的可靠度是 R_A，B 系统的可靠度是 R_B，A 系统、B 系统的失效率分别为 N_A、N_B。根据串联系统的 A、B 系统使用次数的子样数的所有不同组合，可按照 1×1，即：$(R_A+N_A)(R_B+N_B)=R_AR_B+R_AN_B+N_AR_B+N_AN_B$。由此可见，按照“与”的逻辑关系其可靠而不失效的是 R_AR_B，其余项皆失效。但是这种可靠度的最终实现是依托全概率统计事件，不足以全面而客观地描述系统基于某种有限样本量各种概率下的可靠度以及发展趋势。

比如一个串联系统 W 由 A 与 B 组成，A 的可靠度为 0.9，B 的可靠度为 0.8，假如 W 使用的样本量为 10 次，按照系统概率则 A 为 9 次有效、1 次无效，B 为 8 次有效、2 次无效。基于此，按照全概率计算 W 系统的可靠度，必然是 W 系统需扩展为 10×10=100 次使用组合，其可靠度必然是 9 次有效与 8 次有效的组合，即 8×9=72，按照组合数 100 次求解有效率，得出系统的可靠度为 0.72，即(0.9+0.1)(0.8+0.2)=0.8×0.9+0.9×0.2+0.1×0.8+0.1×0.2，可靠而不失效的是 0.8×0.9=0.72。通过组合的概率计算理论上无疑是正确的。实际工程上，按照 10 次的使用条件，这种超过一次性使用 10 次的概率适用条件实际上是不存在的，只是在数学计算手段上存在这种概率组合可能。

即使 W 系统使用 100 次，按照上述的推理，全概率发生需系统扩展为 100×100 次。

依次类推，基于任何子样数的子系统其全系统全概率的子样数扩展道理相同。假设上述 W 系统使用的样本量设为 n，A、B 系统的样本量同样为 n，则 A、B 系统的有效使用次数分别为 nR_{A}、nR_{B}。通过计算可知，其有效组合是 $n^2R_{A}R_{B}$，此时其样本量组合需扩展为 n^2，使用条件与实际样本量情况不相符。

因此在 W 系统固有样本量为 10 次的情况下，只能基于 10 次的样本量，即 A 为 9 次有效、1 次无效及 B 为 8 次有效、2 次无效。按照 A、B“与”的关系进行可能发生的“全样本量一次固化成型”（使用中是不可逆的，只能是其中的一次固化成型，也就是将 n 重努伯利试验的结果视为一次整体有效输出）的其中最大与最小数值来确定 W 系统的可靠度置信区间。通过计算 W 系统的样本量有效组合，最坏的情况即最小有效次数为 7 次、最好的情况即最大有效次数为 8 次。则 W 系统保证最可靠有效运行的次数为 7 次，即基准可靠度为 0.7，其可靠度置信区间为［0.7，0.8］。在［0.7，0.8］区间内，W 系统使用 10 次样本量情况是基于区间内随机发生可存在其中任意一种可能性，但在区间内基准可靠度 0.7 是必然发生的，其置信度为 1，可选作全系统可靠度真值的点估计值。当然可靠度真值实际上是落入［0.7，0.8］区间内的某一数值。对于无限样本量而言，除了基准可靠度值 0.7 的置信度为 1 外，区间内其他可靠度的置信度是不可求的。对于有限样本量而言，只要样本量是定数则区间内的可靠度值与置信度皆可求得。

即使 W 系统的使用样本量不是 10 次，基于其他任何样本量对于 W 系统相关子系统同样可靠度的情况下，对于所计算的可靠度而言其原理是相同的、结果是不变的。

4.1.2　并联型系统可靠性传统模型分析

若 n 个相互独立子系统组成的装备系统中其中任一子系统工作有效即可保证系统有效工作，则该系统为可靠性的并联系统。其系统总可靠度为：

$$R_s = 1 - \prod_{i=1}^{n} (1 - R_i) \tag{4-2}$$

同样以上装备系统总可靠度亦是一个全概率统计数值，是对并联系统可靠工作可能发生的总体描述。

如某装备系统 M 中 A 系统的可靠度是 R_A，B 系统的可靠度是 R_B，A 系统、B 系统的失效率分别为 N_A、N_B。根据并联系统的 A、B 系统使用次数的子样数的所有不同组合，可按照 1×1，即：$(R_A+N_A)(R_B+N_B)=R_AR_B+R_AN_B+N_AR_B+N_AN_B$。由此可见，按照“或”的逻辑关系其可靠而不失效的是 $R_AR_B+R_AN_B+N_AR_B$，剩余项 N_AN_B 失效。但是这种可靠度的最终实现是全概率统计事件，不足以全面而客观地描述系统基于某种有限样本量各种概率下的可靠度以及发展趋势。

比如一个并联系统 M 由 A 与 B 组成，A 的可靠度为 0.9，B 的可靠度为 0.8，假如 M 使用的样本量为 10 次，按照系统概率则 A 为 9 次有效、1 次无效，B 为 8 次有效、2 次无效。基于此，按照全概率计算 M 系统的可靠度，必然是 M 系统需扩展为 10×10=100 次使用组合，其可靠度必然是 9 次有效与 8 次有效、9 次有效与 2 次有效、8 次有效与 1 次有效的排列组合之和，即 8×9+9×2+1×8=98，求解基于 100 次总量下的有效率，得出系统的可靠度为 98/100=0.98，即 $(0.9+0.1)(0.8+0.2)=0.8\times0.9+0.9\times0.2+0.1\times0.8+0.1\times0.2$，可靠而不失效的是 $0.8\times0.9+0.9\times0.2+0.1\times0.8=0.98$，失效的是 $0.1\times0.2=0.02$。通过组合的概率计算理论上无疑是正确的。实际工程中，按照 10 次的使用条件，这种超过一次性使用 10 次概率的适用条件实际上是不存在的，只是在数学计算手段上存在这种概率组合可能。

即使 M 系统使用 100 次，按照上述的推理，全概率发生需系统扩展为

100×100 次。依次类推，基于任何子样数的子系统其全系统全概率的子样数扩展道理相同。

假设上述 M 系统使用的样本量设为 n，A、B 系统的样本量同样为 n，则 A、B 系统的有效使用次数分别为 nR_A、nR_B，无效使用次数分别为 nN_A、nN_B。通过计算可知，其有效组合是 $n^2(R_AR_B+R_AN_B+N_AR_B)$，此时其样本量组合需扩展为 n^2，使用条件与实际样本量情况不相符。

因此在 M 系统固有样本量为 10 次的情况下，只能基于 10 次的样本量，即 A 为 9 次有效、1 次无效及 B 为 8 次有效、2 次无效。按照 A、B“或”的关系进行可能发生的“全样本量一次固化成型”（使用过程是不可逆的，只能是其中的一次固化成型）的其中最大与最小数值来确定 M 系统的可靠度。通过计算 M 系统的样本量有效组合，最坏的情况即最小有效次数为 9 次、最好的情况即最大有效次数为 10 次，则 M 系统保证最可靠有效运行的次数为 9 次，即基准可靠度为 0.9。

即使 M 系统的使用样本量不是 10 次，其他任何样本量对于 M 系统的子系统同样可靠度的情况下，对于所计算的可靠度而言其原理是相同的、结果是不变的。假如样本量为 x 次，u 的失效次数为 $0.1x$，v 的失效次数为 $0.2x$。通过计算 M 并联系统的最小有效次数为 $0.9x$、最大有效次数为 x，则 M 系统保证有效运行的最可靠次数为 $0.9x$ 次，即系统的基准可靠度为 0.9。

因为并联系统应是在两个系统皆失效的情况下，系统才真正失效，因此亦可基于无效子样数的组合进行计算。通过以上计算可知，其无效组合量是 $0.1x\times0.2x=0.02x^2$，此时其样本量组合需扩展为 x^2。同样其样本量进行了扩展，与实际样本量统计情况不符。

4.2　串并联系统可靠度新的数学解析方法

4.2.1　串并联系统有效率极值效应解析法

新的计算方法是利用有效率或有效样本量的最大、最小趋势来界定，称为有效率或有效样本量的极值效应有效相遇对应法，或者称为有效率或有效样本量“与”“或”门对应法（其中串联系统对应“与门”，并联系统对应“或门”）。

以 A、B 两个子系统来例证说明这种新方法的应用机理，其中 E 为有效率或有效样本量，F 为失效率或失效样本量，如图 4-1 和图 4-2 所示。

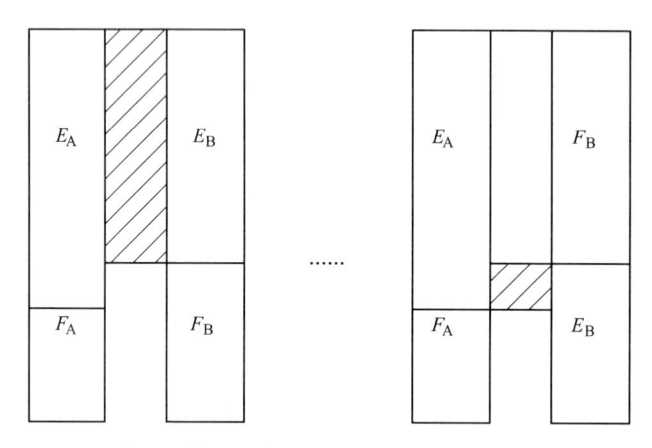

图 4-1 AB 串联系统有效率或有效样本量由最大至最小变化趋势

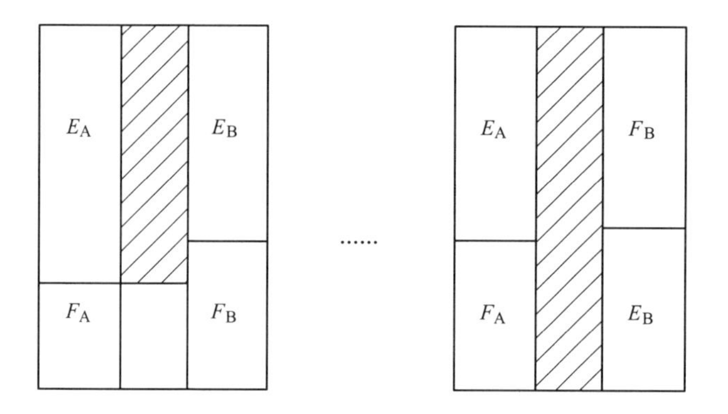

图 4-2 AB 并联系统有效率或有效样本量由最小至最大变化趋势

由图 4-1 可知，当串联系统 A 有效率或有效样本量与 B 任意相遇时，AB 系统彰显的有效率或有效样本量的交集（短板效应）才是 AB 系统的实际有效率或有效样本量，起始态势是有效率或有效样本量的最大程度相遇，终止位置是有效率或有效样本量的最小程度相遇。

由图 4-2 可知，当并联系统 A 有效率或有效样本量与 B 任意相遇时，AB 系统彰显的有效率或有效样本量合集（长板效应）才是 AB 系统的实际有效率或有效样本量，起始态势是有效率或有效样本量的最小相遇，终止位置是有效率或有效样本量的最大相遇。

4.2.2 串并联系统有效率极值效应解析法适应性分析

可靠性传统模型认可各子系统的可靠度值（实际统计值或理论分配值）及其置信度默认为1（尤其在实际统计时的置信度赋值1；置信度理论设定赋值可为0~1）的事实，并以此为基础进行全系统概率计算，这也是新方法拓展研究相关理论采用的同等前提条件，稍有不同的是新方法在计算处理中将各子系统视为独立的整体事件，并引入全部固有样本量一次固化成型的概念。

全部固有样本量一次固化成型是指基于可靠性传统模型计算组合实践过程中只是发生其中组合中的某一次组合，该次组合是基于全部样本量一次形成的且是不可逆的有效率或有效样本量的整体输出结果。新方法不存在反复的可能尝试组合来进行可靠度解析，而传统可靠性模型无论是有效率或有效样本量、总体有效率或总体有效样本量则是可以进行全部组合与统计解析的。也就是说新方法的应用机理是建立在样本量不变的情况下对可靠度进行解析，而传统可靠性模型的解析是建立在样本量组合扩展情况下的解析。

需要指出的是新方法在可靠度解析时样本量是不变的，但是在其置信度求解时是需要样本量组合的扩展的，这也不难理解，因为置信度的概念就是求解产生所有样本空间中所含真值的有效样本空间占比。因此新方法中置信度的组合拓展计算与可靠度的样本量不变其实并不矛盾，而且新方法中置信度的组合拓展计算与传统模型可靠度的组合拓展是不同层面的内涵，其意义是截然不同的。

可能有读者会注意到，既然新方法中置信度的解析是必须建立在样本量组合拓展情况下的样本空间解析，而可靠度的定义也是一种概率度量，那么在求解可靠度时样本组合拓展又有何不妥呢？可靠性传统模型的解析方法是基于样本组合的拓展条件而展开的，不可否认其不失为一种可靠度求解的有效途径。在此想要阐明的是新方法是建立在样本量不变且一次固化成型情况下的解析，与可靠性传统模型的样本量组合拓展相比，只是前者在某种程度上更符合使用样本的实际情况而已，其更有利于客观表达事物固有的本质属性。

当然在实际应用中，虽然各子系统（假设为两个子系统）的组合使用存在各种概率可能，但是全系统必然存在两个可能的极端数值，即全系统总体事件基于各子系统融合的可靠性效能发挥最可靠或最不可靠时相遇（是基于各子系统整体事件相遇，而非子系统单一个体事件相遇。子系统单一个体事件是指子系统使用一次时的成败型事件，其单一个体事件结果值只有一个绝对的值，要么为1、要么为0。子系统整体事件是指子系统基于一定样本量下的可靠性整体效能的输出活动。实际上，子系统单一个体事件已经分别纳入各子系统的整体事件进行了规划计算，在此可以合理考虑子系统这一整体事件的可靠度总体输出量。全系统总体事件是基于各个子系统融合形成的全系统可靠性效能输出活动)，从而形成了一定的可靠度置信区间，而区间可靠度值发生存在不同概率，从而合成相对应的置信度。

同时在可靠度研究过程中，无论串联系统还是并联系统，从数学逻辑层面出发必须遵从两条基本法则：一是对于可靠度置信区间中各个可靠度值其相对应的概率之和等于1，其符合离散型随机变量的固有特征；二是各个可靠度值与其相应概率乘积之和，必然等于可靠性传统模型给出的可靠度值（因为传统模型可靠度值是基于全概率组合统计条件下的总拟合量，而新的可靠度数学模型是按照有序状态得出的一定分解概率下可靠度构成的全部离散型分量)。各个可靠度值与其相应概率乘积之和与可靠性传统模型求值相等的这一特性，完全符合全概率公式的具体应用。

应用以上的简捷方法，可以计算串并联系统的可靠度置信区间如包括基准可靠度（置信下限）与最大可靠度（置信上限）、可对应的置信度以及可靠度置信区间的步长。这些将在以下研究验证中进行逐一证明与描述。

4.3　基于两个子系统的串并联系统的组合分析

4.3.1　两个串并联子系统基本特性例证分析

4.3.1.1　两个串联系统实例分析

A　组合关系的态势与结果实例

例 4-1：假如一个串联系统 M 由 A、B 子系统组成，其中子系统 A 的可靠度为 0.9，子系统 B 的可靠度为 0.8，设样本量为 100。

经计算可知：A 系统的有效样本量为 90、失效样本量为 10，B 系统的有效样本量为 80、失效样本量为 20。根据串联系统传统模型 $R_s = \prod_{i=1}^{n} R_i$ 得出，其可靠度为 $0.8 \times 0.9 = 0.72$。图 4-3 为串联系统有效样本量由小至大组合趋势。

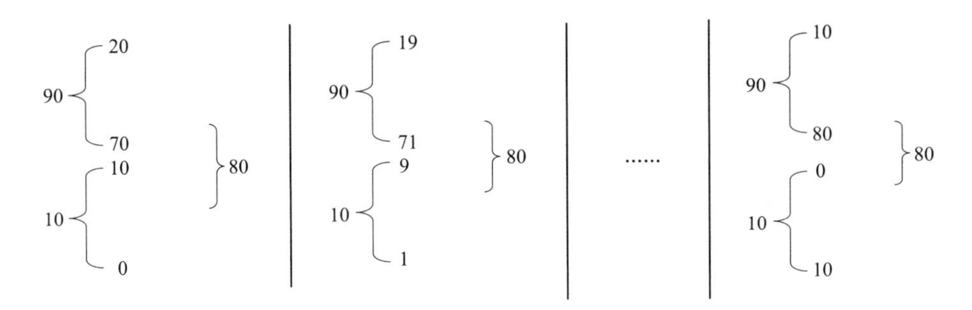

图 4-3 串联系统有效样本量由小至大组合趋势

以可靠度最小的 B 系统为组合出发点，按照 B 系统有效样本量会同失效样本量与 A 系统的失效样本量（因为在选取 A 失效样本量组合同时，自然对应 A 有效样本量的选取也就自动同步进行）的选取组合，按照样本量动态趋势的有序变化，其由小至大的可靠度所对应的组合分别为 $C_{80}^{10}C_{20}^{0}$、$C_{80}^{9}C_{20}^{1}$、$C_{80}^{8}C_{20}^{2}$、…、$C_{80}^{1}C_{20}^{9}$、$C_{80}^{0}C_{20}^{10}$，经分析该组合分布等效于公式（3-31）的超几何分布原理，具体数值见表 4-1。

表 4-1 串联系统区间可靠度值对应的有效组合量

序号	M 系统的可靠度分布特征量	100 个样本量下的有效组合量
1	0. 7	1646492110120
2	0. 71	4638005944000
3	0. 72	5507632058500
4	0. 73	3621456696000
5	0. 74	1455923469000
6	0. 75	372716408064
7	0. 76	61302040800
8	0. 77	6369043200
9	0. 78	398065200
10	0. 79	13436800
11	0. 80	184756

通过以上的分布列计算观察与拓展，下一步的目的只是给出通用的、规范化的计算方法，大量计算是可以通过计算机编程运行予以完成的。此处，我们只是选择较小的样本量计算来说明其中的逻辑关系而已。

以上总的组合量可用 $C_{100}^{10}=17310309456440$ 计算得出，经验证该结果与表 4-1 分量之和的总组合量完全相等。

可靠度值对应的实际样本量组合形态的趋势是以 1 为变化的，可靠度值步长是 1/100＝0. 01，最终反映出可靠度置信区间内的单值对应的有效组合量见表 4-1，单值对应概率见表 4-2 和图 4-4。

表 4-2　串联系统区间可靠度对应的发生概率

序号	M 系统的可靠度分布特征量	100 个样本量下的单值对应概率/%
1	0. 7	9. 5
2	0. 71	26. 793
3	0. 72	31. 8
4	0. 73	21
5	0. 74	8. 4
6	0. 75	2. 15
7	0. 76	0. 35
8	0. 77	0. 037
9	0. 78	0. 0023
10	0. 79	0. 00007767
11	0. 80	0. 000001

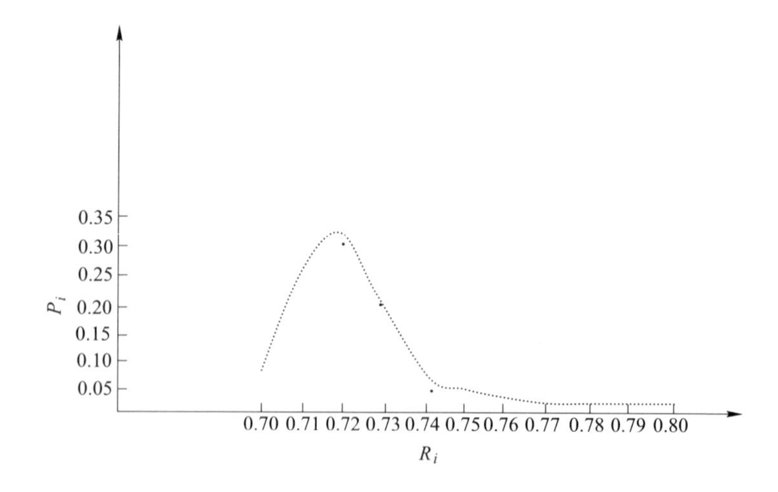

图 4-4　串联系统区间可靠度发生概率分布图

B 基本组合原则与机理分析

在此，需要进一步阐明以下几个道理：

（1）在B系统有效样本量会同失效样本量选取A系统失效样本量组合的同时，B系统有效样本量会同失效样本量选取A系统有效样本量的组合亦在自动同步进行，没有增加额外的组合数量，且数据信息具有完全一致性。比如以一组数据 $C_{80}^{9}C_{20}^{1}$ 为例，在 C_{80}^{9} 组合后则80-9=71自动生成，即71不需要额外的组合选取动作，C_{80}^{71} 自动组合完毕；在 C_{20}^{1} 组合后则20-1=19自动生成，即19不需要额外的组合选取动作，C_{20}^{19} 自动组合完毕。于是在 $C_{80}^{9}C_{20}^{1}$ 组合同时，$C_{80}^{71}C_{20}^{19}$ 同时自动组合完毕，且两者之间具有完全等效性（$C_{80}^{9}C_{20}^{1}=C_{80}^{71}C_{20}^{19}$），此时两个系统的对应关系已经形成。其他各组类同。因而，按照以上可靠度由小至大对应的组合分别为 $C_{80}^{70}C_{20}^{20}$、$C_{80}^{71}C_{20}^{19}$、$C_{80}^{72}C_{20}^{18}$、…、$C_{80}^{79}C_{20}^{11}$、$C_{80}^{80}C_{20}^{10}$。经化简可知，其与 $C_{80}^{10}C_{20}^{0}$、$C_{80}^{9}C_{20}^{1}$、$C_{80}^{8}C_{20}^{2}$、…、$C_{80}^{1}C_{20}^{9}$、$C_{80}^{0}C_{20}^{10}$ 是完全等效的。

（2）在其中以B系统的有效样本量会同失效样本量选取A系统的失效样本量（或有效量）组合方法，与以A系统的有效样本量会同失效样本量选取B系统的有效样本量（或失效样本量）组合方法的逻辑关系。虽然两者数据不具有一致性，但是具有等比性。比如以一组数据 $C_{80}^{9}C_{20}^{1}$ 为例，$C_{80}^{9}C_{20}^{1}$ 是以B系统为出发点的组合，可对应以A系统为出发点的类比组合 $C_{80}^{10}C_{20}^{0}$，其他各组类同。假如以A系统为组合出发点，按照A系统有效样本量会同失效样本量选取B系统失效样本量的组合，按照数据同位比对关系排序，即为 $C_{90}^{20}C_{10}^{0}$、$C_{90}^{19}C_{10}^{1}$、$C_{90}^{18}C_{10}^{2}$、…、$C_{90}^{11}C_{10}^{9}$、$C_{90}^{10}C_{10}^{10}$，其总的组合量为 C_{100}^{20}。经过展开数据计算可知，$C_{90}^{20}C_{10}^{0}$、$C_{90}^{19}C_{10}^{1}$、$C_{90}^{18}C_{10}^{2}$、…、$C_{90}^{11}C_{10}^{9}$、$C_{90}^{10}C_{10}^{10}$ 等同于 $SC_{80}^{10}C_{20}^{0}$、$SC_{80}^{9}C_{20}^{1}$、$SC_{80}^{8}C_{20}^{2}$、…、$SC_{80}^{1}C_{20}^{9}$、$SC_{80}^{0}C_{20}^{10}$，C_{100}^{20} 等同于 SC_{100}^{10}。其中 S 是一个可计算出的定量数值。由概率计算方法可知，S 只是扩大了B系统有效组合量（B系统有效样本量会同失效样本量选取A系统失效样本量组合时）的倍数，不影响概率数据的计算结果。当然A、B系统的这种等比组合的逻辑关系也仅限定于两个子系统组成的串联系统，子系统个数超过两个以后则不再适应。

（3）之所以首先选取以一个子系统有效样本量会同其失效样本量选取另一个系统失效样本量（而非其有效量组合），以及选取可靠度值较低的子系统（而非可靠度值较高的子系统）为组合计算的出发点，主要是考虑计算量相对较少而做出的优化抉择，不影响数值结果的计算。

C　组合结果特性综合分析实例

从理论层面的置信度概念与逻辑关系可知，同时经表 4-2 或图 4-4 数值计算验证亦可得出，其概率之和为 1；所有可靠度分量与其相应的概率乘积之和为 0. 72，其与串联系统可靠性传统模型得出的可靠度值吻合，即遵循有序状态得出的拟合结果符合传统模型要求，达到了有序与无序的契合统一；从其概率分布图来看，其中部分概率分布（0. 7~0. 74）在一定范围内接近于正态分布（当然，该部分分布态势与正态分布尚存在一定误差）。

由以上计算可知，其最严酷的可靠度亦即 0. 7（两者可靠度组合状态最差时相遇，即 A 的 0. 9 对应 B 的部分失效率 0. 2 与 B 的有效率 0. 7）；最理想的可靠度亦即 0. 8（两者可靠度组合状态最好时相遇，A 的 0. 9 对应 B 的失效率 0. 1 与 B 的有效率 0. 8），这样就形成了一个数值范围 0. 7~0. 8。其余无论如何组合，样本量是多少，其中最可靠的基准可靠度值为 0. 7，这个数值是必然发生的。

同样经计算，M 基于 100 个样本量组合情况下，计算出的系统可靠度涵盖 0. 72（可靠性传统模型计算结果）以上数值的置信度为 63. 7%，0. 72 的单一数值概率最大，达到 31. 8%；样本量为 100 时，在 0. 7~0. 8 的数值区间，经可靠度单值与其相应概率乘积之和的回归计算，全系统可靠度拟合量完全符合可靠性传统模型给出的数值 0. 72 的结果。

图 4-5 和图 4-6 所示的是可靠度置信区间内可靠度值所对应的置信度。置信度数值计算方法为覆盖其相应的可靠度之上的所有概率之和，即等同于包含可靠度值的样本空间有效量在所有样本空间总量中的占比。

D　特例组合结果验证

由图 4-7 可知，假如 4. 3. 1. 1 节中例 4-1 的串联系统样本量设定为 10，则有按照失效率的选取组合（因为失效率组合同时，自然有效率也就同步进行），可靠度由小至大对应的组合分别为 $C_8^1C_2^0$、$C_8^0C_2^1$。

可靠度 0. 7 的组合量为 8；0. 8 的组合量为 2；总的组合量 $C_{10}^1=10$。可得单值对应概率结果，0. 7 的概率为 80%、0. 8 的概率为 20%；概率之和为 1；分项可靠度与概率乘积之和等于可靠度传统模型的计算结果 0. 72。

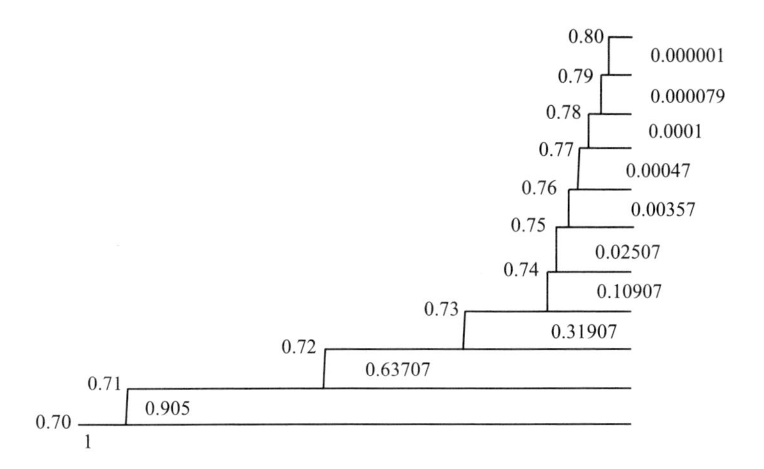

图 4-5 串联系统可靠度置信区间置信度分布列

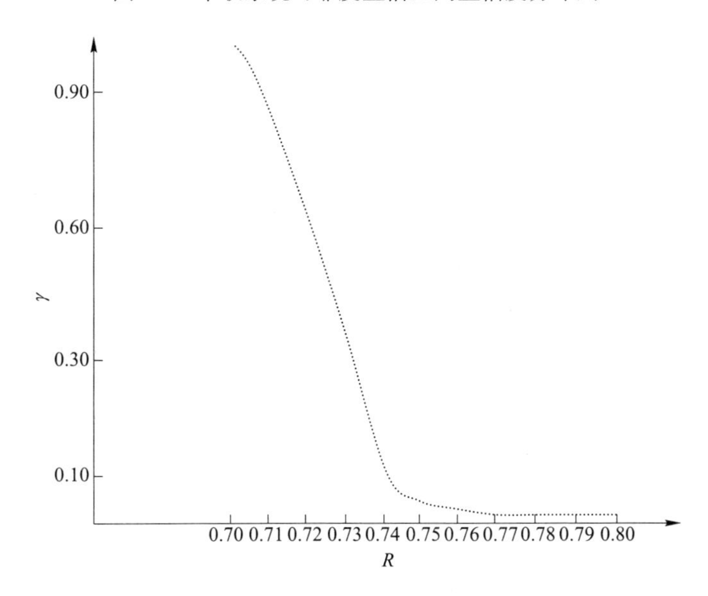

图 4-6 串联系统可靠度置信区间置信度分布图

4.3.1.2 两个并联系统实例分析

A 组合关系的态势与结果实例

例 4-2：假如一个并联系统 W 由 X、Y 子系统组成，其中子系统 X 的可靠度为 0.9，子系统 Y 的可靠度为 0.8，设定样本量为 100。

经计算可知：X 系统的有效样本量为 90、失效样本量为 10，Y 系统的有效

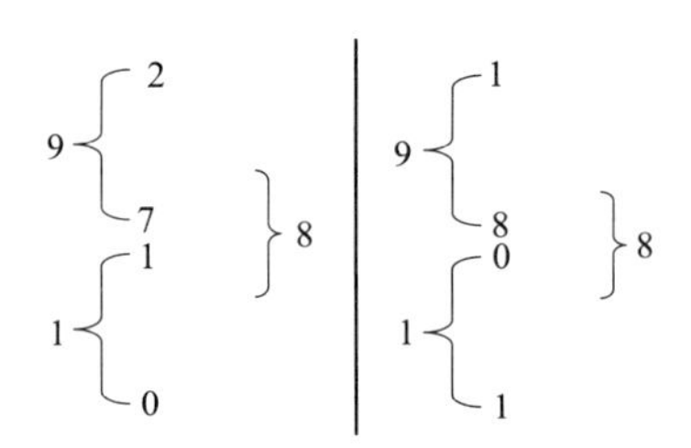

图 4-7　基于小样本特例的串联系统有效样本量组合趋势

样本量为 80、失效样本量为 20。由并联系统可靠性传统模型 $R_s = 1 - \prod_{i=1}^{n}(1 - R_i)$ 得出，其可靠度为 $1-(1-0.9)(1-0.8)=0.98$。

在此，需要格外关注的是：例 4-2 中描述的子系统可靠度值、样本量设定值与例 4-1 中给出的相关数值完全相同，唯一不同之处在于例 4-1 中全系统为串联性质，而例 4-2 中全系统为并联性质。如此不同的串并联性质、子系统相同数值所达成的逻辑关系分别对应解析出的可靠度置信区间、置信度数值（或可靠度单值对应的概率）结果，通过串并联系统解析特性综合分析可明晰两者之间的相互关联特征，相关情况将在下文中予以解答。

与串联系统的组合相类似，以 Y 系统为组合的出发点，按照 Y 系统的有效组合量会同失效样本量与 X 系统的失效样本量的选取组合（因为在选取 X 失效样本量组合同时，自然对应 X 有效样本量的选取也就自动同步进行，不需要增加额外的组合量），由大至小的可靠度所对应的组合分别为 $C_{80}^{10}C_{20}^{0}$、$C_{80}^{9}C_{20}^{1}$、$C_{80}^{8}C_{20}^{2}$、…、$C_{80}^{1}C_{20}^{9}$、$C_{80}^{0}C_{20}^{10}$，图 4-8 为并联系统有效样本量由小至大组合趋势。同样该组合分布等效于式（3-31）的超几何分布原理，具体数值见表 4-3。

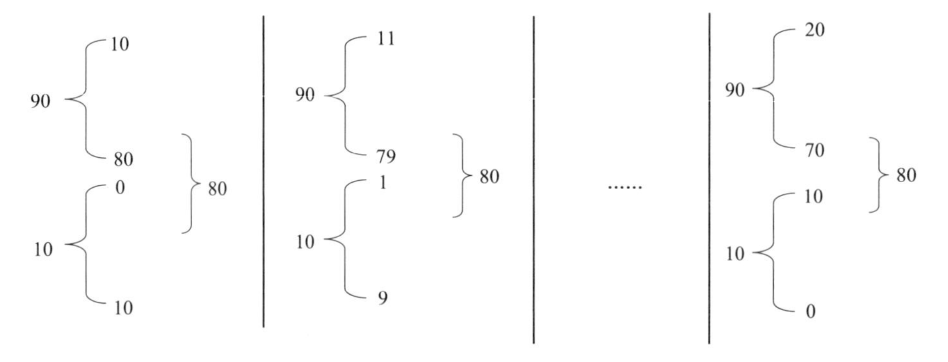

图 4-8　并联系统有效样本量由小至大组合趋势

表 4-3 并联系统区间可靠度值对应的有效组合量

序号	W 系统的可靠度分布特征量	100 个样本量下的有效组合量
1	1. 00	1646492110120
2	0. 99	4638005944000
3	0. 98	5507632058500
4	0. 97	3621456696000
5	0. 96	1455923469000
6	0. 95	372716408064
7	0. 94	61302040800
8	0. 93	6369043200
9	0. 92	398065200
10	0. 91	13436800
11	0. 90	184756

以上总的组合量可用 $C_{100}^{10}=17310309456440$ 计算得出，经验证该结果与表 4-3 分量之和的总组合量完全相等。由表 4-4 计算可知，所有概率之和为 1；分项可靠度与相应概率乘积之和等于 0. 9803，与传统并联系统可靠度模型计算的数值结果相吻合。从概率分布图可见，其中部分概率分布（0. 96~1）接近于正态分布（但与正态分布具有一定误差）。

表 4-4 并联系统区间可靠度值对应的发生概率

序号	W 系统的可靠度分布特征量	100 个样本量下的单值对应概率/%
1	1. 00	9. 5
2	0. 99	26. 793
3	0. 98	31. 8
4	0. 97	21
5	0. 96	8. 4
6	0. 95	2. 15
7	0. 94	0. 35
8	0. 93	0. 037
9	0. 92	0. 0023
10	0. 91	0. 00007767
11	0. 90	0. 000001

可靠度值对应的实际样本量组合形态的趋势是以 1 为变化量的，可靠度值步长是 1/100=0. 01，最终反映出可靠度置信区间的单值对应的有效组合量见表 4-3，单值对应概率见表 4-4 和图 4-9。

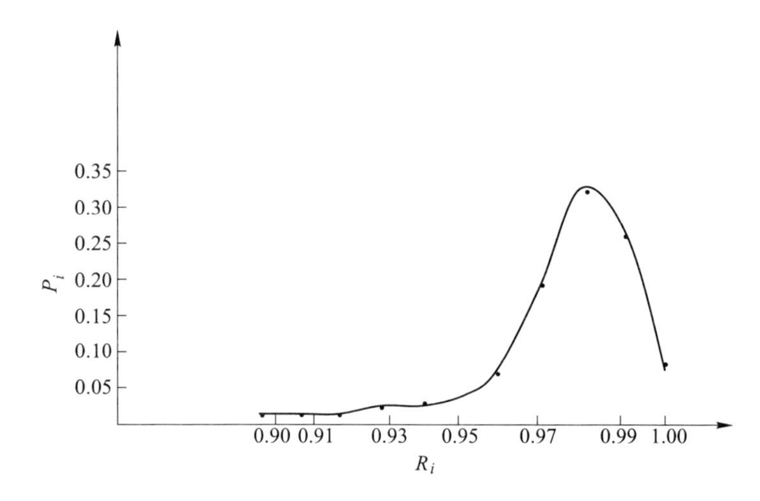

图 4-9　并联系统区间可靠度发生概率分布图

B　组合结果特性综合分析实例

同样经计算，W 在基于 100 个样本量组合的情况下，系统计算出的可靠度涵盖 0. 98（可靠性传统模型计算结果）以上数值的置信度为 68. 1%，0. 98 的单一数值概率最大，达到 31. 8%；在样本量为 10 或 100 时，在 0. 9~1 的数值区间，经可靠度单值与其相应概率乘积之和的回归计算，全系统可靠度的拟合量完全符合传统模型给出数值 0. 98 的结果。

图 4-10 和图 4-11 所示的是可靠度置信区间内可靠度值所对应的置信度。置信度数值计算方法为覆盖相应的可靠度之上的概率之和，即等同于包含可靠度值的样本空间有效量在所有样本空间总量中的占比。

C　组合结果验证特例

由图 4-12 可知，假如例 4-2 中的并联系统样本量设定为 10，则有：按照失效率的某一种选取组合（因为失效率组合同时，有效率自然也就同步进行），可靠度对应的组合分别为 $C_8^1C_2^0$、$C_8^0C_2^1$。通过以上计算的列举，本方法旨在论证求得通用化、规范化的计算方法，实际操作时可以通过计算机编程以大数据运算来实现。在此进行实际列举也只能选择较小的样本量计算以达到牵引或验证的目的而已。

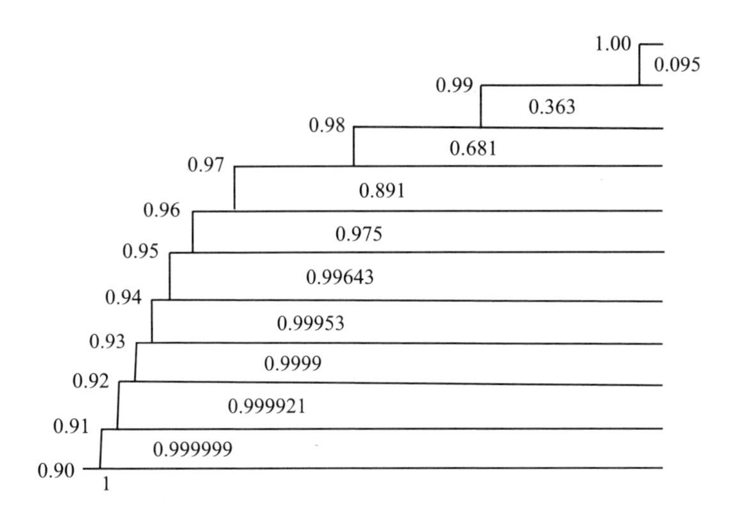

图 4-10 并联系统区间可靠度置信度分布列

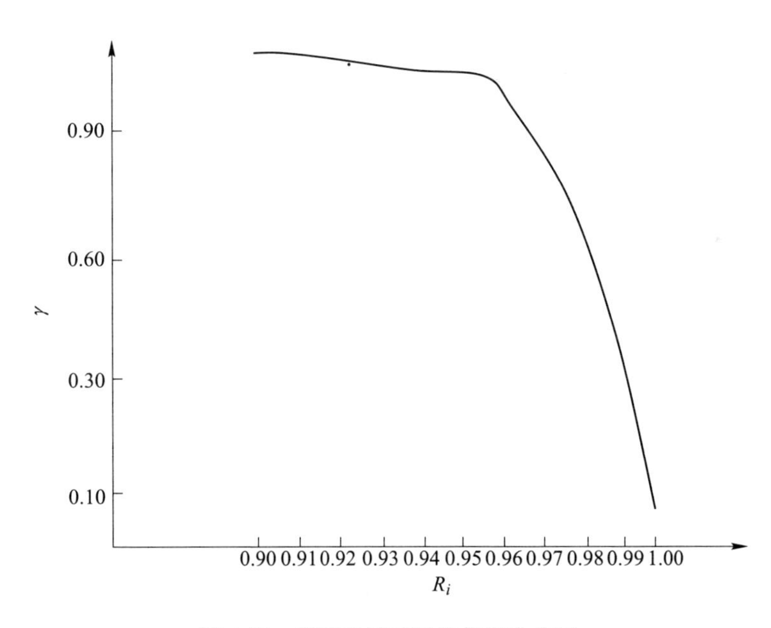

图 4-11 并联系统区间置信度分布图

可靠度 1 的组合量为 8，0.9 的组合量为 2，总的组合量为 $C_{10}^{1}=10$。可靠度 1 的单值概率为 80%，可靠度 0.9 的单值概率为 20%，概率之和为 1；分项可靠度与概率乘积之和等于可靠度传统模型解算结果 0.98。

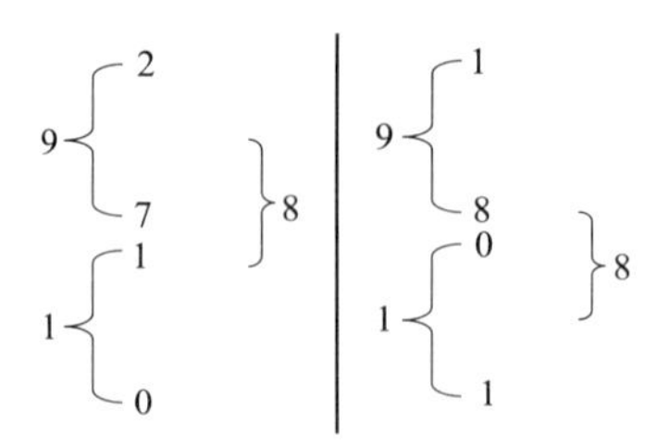

图 4-12　基于小样本特例的并联系统有效样本量组合趋势

4.3.2　两个串并联子系统综合特性例证分析

通过研究发现:

(1) 原有可靠性串并联传统模型公式是不区分各种态势的一种总的组合量，亦即对各种组合态势只求总量而对组合的有序状态未做显性要求（实际上已经是隐形存在，但是没有可解析的途径），是对集成全系统的各子系统有效组合量在所有样本组合量中占比的一种总体描述与计算；而新方法是一种进一步区分不同态势的细化组合量，其总的组合量与传统模型组合量是等同的，同时呈现出显性化的有序组合状态要求。

可靠度传统模型方法是通过各种组合计算出来的，在数学上无疑是存在这种概率组合的。而新的计算方法则进一步深化、细化了原有可靠度的计算方法，即进一步划分有序态势的不同组合，这种态势的信息既包括了态势的组合量，同时亦指出了系统存在的某一种态势组合。因为无论串联还是并联系统的应用并不是通过全部组合或所有态势的组合运用，而只是其中一种基于固有总体样本量一次固化成型的应用，换言之，系统的串并联应用永远只是其中的某一种态势。

新的计算方法给出的可靠度置信区间及其可靠度极端值，其中最小数值即为基准可靠度，基准可靠度的置信度为 1，剩余区间的可靠度值的置信度则小于 1。由此可见，基准可靠度是必然事件的生成结果。

尤其对于装备系统而言，可靠度等级要求理应更高，新方法解析的可靠度置信区间描述更切合系统应用的实际特征。实际上，新方法解析出的基准可靠度较可靠性传统模型给出的可靠度相比，其估计值会是一种更严格要求的状态。比如串联系统在子系统数量较多、子系统可靠度值较小时，其集成可靠度值与可靠性传统模型的计算值差别影响会更大。

（2）无论样本量如何变化，只要子系统的可靠度值一定，可靠度置信区间的极端值（置信上限与置信下限）是不变的，但可靠度置信区间内的其他可靠度单值（或可靠度的增减步长）是随着样本量而发生变化的。

除基准可靠度值的置信度为1外，其他数值概率与样本量密切相关，各可靠度单值与其发生概率之和与串并联可靠度传统模型公式中的计算结果数值是互为吻合的。这可以较好地理解，原有串并联可靠性传统模型是并未区分各种态势的一种总的组合量，而新方法是一种进一步区分不同态势的细化组合量，其总的组合量与传统组合量是等同的，所以其可靠度的拟合值与传统模型得出的可靠度亦是相等的。

由于新方法组合是以总样本为基数进行不同态势的各种组合，其组合态势有效量是以1为变化量来逐步增减的，其可靠度置信区间数值为有效量与总样本量的商，有效量与相应的可靠度构成一一影射关系，所以其可靠度的增减步长一般为有效变化量1与总样本量的商。

（3）赋予相同可靠度值的子系统串联、并联后，虽然全系统可靠度值不同，但串联系统由小至大的可靠度单值概率与并联系统由大至小的可靠度单值概率数值与趋势在对应的切合点上是完全相同的。串联系统与并联系统有关区间可靠度的单值概率关系是，在同一坐标系中各自的概率分布图，围绕以串联后的最大可靠度值与并联后的最小可靠度值的中值线相互对称。

同时去除串联系统与并联系统的各自基准可靠度相应置信度为1的端点外，串联系统其余由大至小的各可靠度置信区间置信度数值与用1减去并联系统由大至小的各可靠度置信区间置信度后的其余数值可找寻到相应的等数值契合点，在同一坐标系中各等数值契合点围绕以串联后的最大可靠度值与并联后的最小可靠度值的中值线相互对称。

4.4 基于多元串并联系统的可靠度求解与证明

4.4.1 系统基准可靠度及可靠度置信区间应用的适应条件

通过前面的论述，现可以明确提出并建立一种新的系统最可信的基准可靠度概念。无论是串联系统还是并联系统，装备系统最可信的基准可靠度是指在任意一次使用过程中全系统彰显出其中一成不变的不发生故障与失效的固有概率，即保证百分之百可靠的固定数值。其量值表现为置信度等于1的系统固有可靠度值。

同时通过新的有效率极值效应有效相遇对应法可以解析多元子系统组成的串并联系统的可靠度置信区间及基准可靠度，如何应用基准可靠度及可靠度置信区间也是一个值得关注的问题。无论是基于明确样本量还是无限样本量，通过该方法皆可解析出串并联系统的可靠度置信区间及基准可靠度；在子系统数较少、子系统可靠度值较高时以基准可靠度作为可靠度真值，具有较好的适应性。当仅仅局限于指定的有限样本量情况下，除基准可靠度外，还可以置信区间内需要的其他可靠度值附带求得的置信度来进行应用。

4.4.2　基于多元串并联系统可靠度求解方法一

4.4.2.1　串联子系统可靠度叠加解析法

串联型系统最可信的基准可靠度是系统在有限或无限样本量条件下有效运行的可靠度统计变量中的最小极值，是串联系统最可信的可靠度值。系统最可信的基准可靠度值是一定的，是存在实际应用意义的。

A　基于两个子系统的串联系统可靠度列表解析法

假如串联系统 W 中的子系统 A 系统的可靠度是 R_A，B 系统的可靠度是 R_B，满足 $R_A \geqslant R_B$，$R_A \geqslant N_B$，$R_B \geqslant N_A$。A、B 系统失效率分别为 $N_A=1-R_A$，$N_B=1-R_B$。R_A与 N_A、R_B与 N_B各自形成一个整体，对于 W 系统而言在使用过程中是 A 系统失效率、有效率与 B 系统失效率、有效率分别组合使用，重新形成一个完整的等效体。

基于两个子系统的 W 串联系统，其使用的最严酷及最理想的可靠度分布是客观存在的。最严酷的可靠度亦即系统最可信的基准可靠度值，设为 R_0；最理想的可靠度亦即最高可靠度值，设为 R_h。按照系统间有效率或有效样本量“与”的关系，以“1”为基本样本量，其最低及最高有效率数值见表 4-5 和表 4-6。

表 4-5　串联系统最低有效率模式下其有效率、失效率对应方式

分量序号	对应关系（“与”的关系）	输出性质	输出量
01	R_A中 N_B范围数值→N_B数值	失效率	N_B
02	R_B中 N_A范围数值→N_A数值	失效率	N_A
03	（R_A-N_B）范围数值→（R_B-N_A）范围数值	有效率	$R_A-N_B=R_B-N_A$

表 4-6 串联系统最高有效率模式下其有效率、失效率对应方式

分量序号	对应关系（“与”的关系）	输出性质	输出量
01	R_A中R_B范围数值→R_B数值	有效率	R_B
02	N_B中N_A范围数值→N_A数值	失效率	N_A
03	（R_A-R_B）范围数值→（N_B-N_A）范围数值	失效率	$R_A-R_B=N_B-N_A$

由表 4-5 经计算得出，其中 $R_0=R_A-N_B=R_B-N_A=R_A+R_B-1$。从数学计算同样可以证明，串联型系统$R_A$与$R_B$是“与”的关系，$N_A$与$N_B$是“或”的关系。其有效率最严酷的情况，是$N_A$与$N_B$“或”的协同结果（$N_B$，$N_A+N_B$）中最大数值（$N_A+N_B$）所对应的数值，即 $R_0=1-(N_A+N_B)=R_A+R_B-1$。

由表 4-6 中可见，$R_h=R_B$。其中，R_B为（R_A，R_B）中最小者，即 $R_h=\min(R_A,R_B)$。从数学计算同样可以证明，串联型系统R_A与R_B是“与”的关系，N_A与N_B是“或”的关系。其有效率最理想的情况，是N_A与N_B“或”的协同结果（N_B，N_A+N_B）中最小数值N_B所对应的 $1-N_B=R_B$，即 $R_h=\min(R_A,R_B)$。

B 基于多个子系统的串联系统可靠度由少及多叠加解析法

假定某串联装备系统有 n 个子系统，其系统的可靠度的计算需首先计算出第一组（任选两个子系统）进行如上所述的可靠度，之后的计算则由第一组计算出的可靠度值结果与剩余其中任意一个子系统的可靠度值参加第二次计算，以此类推直至所有子系统参与计算完毕，很显然即可以得出系统的基准可靠度为：

$$R_{\mathrm{Fmin}}=\sum_{i=1}^{n}R_i-(n-1)=1-\sum_{i=1}^{n}(1-R_i) \tag{4-3}$$

式中 $\sum_{i=1}^{n}R_i$——系统有效率统计总和；

$\sum_{i=1}^{n}(1-R_i)$——系统失效率统计总和。

系统最高可靠度：

$$R_{\mathrm{Fmax}}=\min(R_1,R_2,\cdots,R_n) \tag{4-4}$$

因此，串联系统的可靠度 R_F 可解析为一个具有极小与极大值的区间，即：

$$R_F = [R_{Fmin}, R_{Fmax}] \tag{4-5}$$

其中，$R_{Fmin} = \sum_{i=1}^{n} R_i - (n-1) = 1 - \sum_{i=1}^{n}(1 - R_i)$，其为置信度 1 的基准可靠度，可选择性作为全系统可靠度真值予以应用；$R_{Fmax} = \min(R_1, R_2, R_3, \cdots, R_n)$。

系统最可信的基准可靠度计算结果可以为非正数（但需取为 0，具体原因将在后续进行分析），表示系统不能完全保证切实有效。很显然，如果系统最可信的基准可靠度计算数值是非正数（取为 0），则系统基本不具备可靠使用的价值。

上述可靠度求解是基于以“1”为基本样本量而进行的。鉴于串联系统新的可靠度模型计算方法是线性关系或数列中单一极值竞择关系（即从各个数值中进行其中最大值或最小值选择），因此其基于任何样本量的重新组合与解析，其可靠度结果皆是保持一致的，亦即不会因为样本量变化而对可靠度置信区间的置信上限、置信下限产生任何影响。

4.4.2.2　并联子系统可靠度叠加解析法

并联型系统基准可靠度同样也是系统在有限样本量或无限样本量条件下有效运行的可靠度统计变量中的最小极值，是并联系统最可信的可靠度值。

A　基于两个子系统的并联系统可靠度列表解析法

假如并联系统 M（先暂定为两项，比如 C 系统、D 系统）中的子系统 C 的可靠度是 R_C、D 系统的可靠度是 R_D（假如 $R_C \geqslant R_D$）。C、D 系统失效率分别为 $N_C = 1 - R_C$，$N_D = 1 - R_D$。R_C 与 N_C、R_D 与 N_D 各自形成一个整体，对于 M 系统而言在使用过程中是 C 系统失效率、有效率与 D 系统失效率、有效率分别组合使用，重新形成一个完整的等效体。同样其单次使用的最严酷及最理想的可靠度，亦即是最低可靠度（可靠度置信区间置信下限）、最高可靠度值（可靠度置信区间置信上限）。

按照系统之间有效率或有效样本量“或”的关系，其最低及最高有效率数值见表 4-7 和表 4-8。最低有效率数值即是系统最可信的基准可靠度，设为

R_0；最高有效率数值设为 R_h。

表 4-7 并联系统最低有效率模式其有效率、失效率对应方式

分量序号	对应关系（“或” 的关系）	输出性质	输出量
01	R_C中 R_D范围数值→R_D数值	有效率	R_D
02	R_C中（R_C-R_D）范围数值→($N_D-N_C=R_C-R_D$）数值	有效率	$N_D-N_C=R_C-R_D$
03	N_C范围数值→$N_D-(N_D-N_C)=N_C$范围数值	失效率	N_C

表 4-8 并联系统最高可靠度模式其有效率、失效率对应方式

<table>
<tr><th>分量序号</th><th colspan="2">对应关系（“或” 的关系）</th><th>输出性质</th><th>输出量</th></tr>
<tr><td rowspan="4">01</td><td rowspan="4">R_C范围数值→首选 N_D的足够等效数值（R_C多出部分移至与 R_D等效部分相对应，不足需 N_D多出部分与 N_C中部分等效数值对应；其余 N_C部分与 R_D部分等效数值相互对应）</td><td>$R_C=N_D$，$R_D=N_C$</td><td>有效率</td><td>$R_C+R_D=1$</td></tr>
<tr><td>$R_C>N_D$，$R_D>N_C$</td><td>有效率</td><td>N_D（对应 R_C部分）+
N_C（对应 R_D部分）+
$(R_C-N_D)=1$</td></tr>
<tr><td rowspan="2">$R_C<N_D$，$R_D<N_C$</td><td>有效率</td><td>R_C+R_D（最高限值为 1）</td></tr>
<tr><td>失效率</td><td>$N_D-R_C=N_C-R_D=$
$1-(R_C+R_D)$
（最低限值为 0）</td></tr>
</table>

由表 4-7 经分析得出，其中 $R_0=\max(R_C,R_D)$。从数学计算同样可以证明，并联型系统 R_C与 R_D是“或”的关系，N_C与 N_D则为“与”的关系。其有效率最严酷的情况，是在 N_C（因设 $R_C\geqslant R_D$，则有 N_C最小）与 N_D“与”的协同结果的 $\min(N_C, N_D)$ 数值所对应的 $R_0=1-N_C=R_C=\max(R_C, R_D)$。

由表 4-8 中经分析可知，$R_h=R_C+R_D$（R_h的最高限值为 1）。从数学计算同样可以证明，并联型系统 R_C与 R_D是“或”的关系，N_C与 N_D则为“与”的关系。其有效率最理想的情况，是在 N_C与 N_D“与”的协同结果的最严酷情况 N_D+N_C-1 所对应的 $R_0=1-(N_D+N_C-1)=R_C+R_D$。

B 基于多个子系统的并联系统可靠度由少及多叠加解析法

假定某并联装备系统有 n 个子系统，其系统可靠度的计算需首先计算出第一组（任选两个子系统）进行如上所述的可靠度，之后的计算则由第一组的集成可靠度值与剩余其中任意一个子系统的可靠度值参加第二次计算，以此类推直至所有子系统参与计算完毕。则系统的基准可靠度为：

$$R_{\mathrm{Fmin}} = \max(R_1, R_2, \cdots, R_n) \tag{4-6}$$

系统最高可靠度为：

$$R_{\mathrm{Fmax}} = \sum_{i=1}^{n} R_i \tag{4-7}$$

因此，并联系统的可靠度 R_{F} 可解析为一个具有极小值与极大值的区间，即：

$$R_{\mathrm{F}} = [R_{\mathrm{Fmin}}, R_{\mathrm{Fmax}}] \tag{4-8}$$

其中，$R_{\mathrm{Fmin}}=\max(R_1, R_2, \cdots, R_n)$，其为置信度等于 1 的基准可靠度，可选择性作为全系统可靠度真值予以应用；$R_{\mathrm{Fmax}} = \sum_{i=1}^{n} R_i$。

系统区间可靠度最大值计算结果可以为不小于 1 的数值（但需取为 1，具体原因将在后续中进行分析）。

通过以上分析，串联型装备系统的基准可靠度计算公式（4-3）、并联型装备系统的基准可靠度计算公式（4-6）可分别对串联型装备系统、并联型装备系统的可靠度进行新的计算。此外对于串并联混合系统同样适用，只是需对每个子系统进行串并联结构判定。若子系统是先串联后并联型，则利用计算公式（4-3）首先进行串联计算评估，之后再利用计算公式（4-6）进行并联计算评估；若子系统是先并联型后串联型以及其他更为复杂的混合结构，同样进行类似的先逐步分解分析后集成求解计算。

4.4.2.3　串并联系统可靠度新模型与传统模型的比较分析

A　串联系统可靠度新模型与传统模型比较分析

装备系统串联型传统模型可靠度 $R_{\mathrm{s}} = \prod_{i=1}^{n} R_i$，装备系统串联型的基准可靠度 $R_{\mathrm{Fmin}} = \sum_{i=1}^{n} R_i - (n-1)$，下面进行 R_{s}、R_{Fmin}数值大小的比较证明。

假如串联系统由 A、B 两个子系统组成。由其可靠性传统模型得出 $R_{\mathrm{s}}=R_{\mathrm{A}}R_{\mathrm{B}}$，由新模型可以得出 $R_0=R_{\mathrm{A}}+R_{\mathrm{B}}-1$，则 $R_{\mathrm{s}}-R_0=R_{\mathrm{A}}R_{\mathrm{B}}-(R_{\mathrm{A}}+R_{\mathrm{B}}-1)=(R_{\mathrm{A}}-1)(R_{\mathrm{B}}-1)$。由于 $R_{\mathrm{A}}-1\leqslant 0$，$R_{\mathrm{B}}-1\leqslant 0$，则 $R_{\mathrm{s}}-R_0\geqslant 0$，即 $R_{\mathrm{s}}\geqslant R_0$（当 R_{A}、

R_B 至少存在一个为 1 时，$R_s = R_0$）。

由 4.4.2.1 节溯源可知，多个子系统组成的串联系统利用新方法求解可靠度，首选任意两个子系统进行可靠度的合成计算（合成后的系统视为一个合成子系统参与后续计算），之后该合成子系统再与剩余任一子系统合成计算，其计算过程的方法、结果比较方法与 A、B 两个子系统的比较模式都是相同的（合成子系统与剩余其他子系统之一进行可靠度的合成计算比较，仍然存在两个子系统其传统模型可靠度计算值大于等于新模型方法求解的基准可靠度值），依次类推，直至所有子系统参与计算完成。由逐步推导可见 $R_s \geqslant R_{Fmin}$（当至少保证 $n-1$ 个子系统的可靠度为 1 时，则 $R_s = R_{Fmin}$）。

B 并联系统可靠度新模型与传统模型比较分析

并联型装备系统可靠性传统模型的可靠度为 $R_s = 1 - \prod_{i=1}^{n}(1 - R_i)$，并联型装备系统新方法的基准可靠度为 $R_{Fmin} = \max(R_1, R_2, \cdots, R_n)$。下面进行 R_s、R_{Fmin} 的数值大小的比较证明。

假如并联系统有 C、D 两个子系统组成（假设 $R_C \geqslant R_D$），设 R_0 为基于 C、D 两个子系统的基准可靠度。由可靠性传统模型得出 $R_s = R_C + R_D - R_C R_D$，由新方法可以得出 $R_0 = R_C$，则 $\dfrac{R_s}{R_0} = \dfrac{R_C + R_D - R_C R_D}{R_C}$。由于 $1 - R_C \geqslant 0, R_C + R_D - R_C R_D = R_C + R_D(1 - R_C) \geqslant R_C$。$\dfrac{R_s}{R_0} \geqslant 1$，即 $R_s \geqslant R_0$（当 R_C、R_D 至少存在一个为 1 时，$R_s = R_0$）。

由 4.4.2.2 节溯源可知，多个子系统组成的并联系统利用新方法求解基准可靠度，首选任意两个子系统进行可靠度的合成计算（合成后的系统视为一个合成子系统参与后续计算），之后该合成子系统再与剩余任一子系统合成计算，其计算过程的方法、结果比较方法与 C、D 两个子系统的比较模式都是相同的（合成子系统与剩余其他子系统之一进行可靠度的合成计算比较，仍然存在两个子系统其传统模型可靠度计算值大于等于新模型方法求解的基准可靠度值），依次类推，直至所有子系统参与计算完成。因此，可见 $R_s \geqslant R_{Fmin}$（当至少其中一个为 1 时，则 $R_s = R_{Fmin}$）。

经推导证明，串并联系统利用新方法求解的基准可靠度值皆小于可靠度传统模型的计算数值。

4.4.3 基于多元串并联系统可靠度求解方法二

4.4.3.1 串联子系统可靠度单值之间集成可靠度综合图解法

A 求解方法

下面更换一种更为形象的思路，明晰可靠度串联系统单值之间的集成可靠度值求解方法。

假如 F 系统由具有 R_1、R_2、R_3、…、R_n可靠度值的第 1、2、3、…、n 个系统串联而成，各子系统有效率与失效率具有多种对应关系，但子系统有效率与失效率的和值为 1。

若将具有 R_1、R_2、R_3、…、R_n的子系统分别看作一个个独立事件，则 F 串联系统有效率最理想的情况（即可靠度为最大数值）将由第 1、2、3、…、n 个系统中可靠度最低的子系统有效率与剩余子系统有效率的同等数值同时相遇（即短板子系统有效率决定了 F 系统的最大有效率），$R_{\mathrm{Fmax}}=\min(R_1, R_2, R_3, \cdots, R_n)$。

如图 4-13 所示，其中每一条实线（或每一条线中的分段实线之和）表示各子系统的有效率（即子系统的可靠度），每一条虚线（或每一条线中的分段虚线之和）为子系统的失效率。

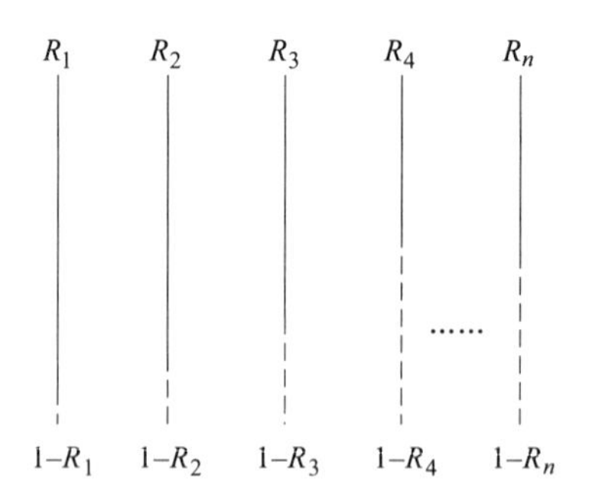

图 4-13 串联系统子系统有效率极值效应最大分布

F 串联系统有效率最严酷的情况（亦即可靠度最小数值）将由其中任意一个子系统（各子系统具有同等地位，假如指定可靠度为 R_1的子系统 1）的有效率被其他子系统的失效率最大程度独立对应交割，剩余 F 系统的有效率即指定子系统的有效率与剩余子系统的失效率之和的差额，即：

$$R_{\text{Fmin}} = R_1 - [(1 - R_2) + (1 - R_3) + \cdots + (1 - R_n)]$$
$$= \sum_{i=1}^{n} R_i - (n - 1) = 1 - \sum_{i=1}^{n} (1 - R_i)$$

如图 4-14 所示，当 R_1值大于其余各子系统失效率之和时，R_{Fmin}为正；当 R_1值等于其余各子系统失效率之和时，R_{Fmin}为零；当 R_1值小于其余各子系统失效率之和时，R_{Fmin}为负。

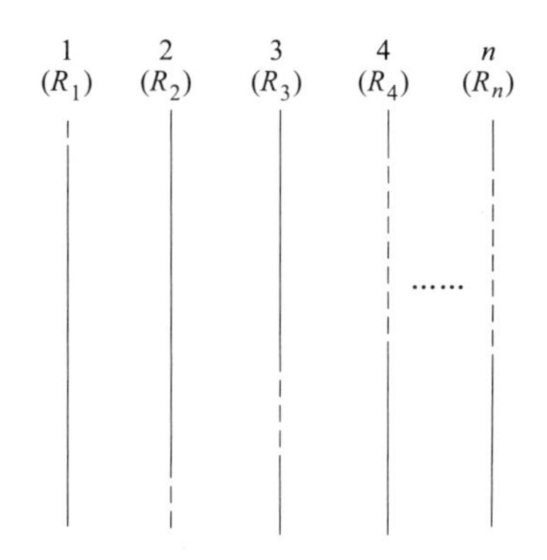

图 4-14 串联系统子系统有效率极值效应最小分布

当 R_{Fmin}为负时，是在规定数值计算时，R_1值被过度重复交割，由于各子系统有效率与失效率和值为 1，形成有效率与失效率的一一对应关系，不可能被过度重复交割，亦即 R_1最大只能与其余子系统失效率的对应同等值独立交割，此时 R_1已经被其他子系统失效率完全独立交割而尽，R_{Fmin}已经为零。因此，当 R_{Fmin}计算结果为负时，按照可靠度最低数值可规定归为零。

R_{Fmin}出现负数时，只是由于采取的方法而带来的在可靠度为 0 的端点数值方面的过度累积交割，不会影响可靠度值范围 0~1 之间的结果评判，不对其他正常计算的非负数值带来任何影响。

由此可见，R_{F} 可解析为一个具有极小值与极大值的可靠度置信区间，即：

$$R_{\text{F}} = [R_{\text{Fmin}}, R_{\text{Fmax}}] \tag{4-9}$$

其中，$R_{\text{Fmin}} = \sum_{i=1}^{n} R_i - (n-1) = 1 - \sum_{i=1}^{n}(1 - R_i)$，其为置信度等于 1 的基准可靠度，可直接作为全系统可靠度真值应用；$R_{\text{Fmax}} = \min(R_1, R_2, R_3, \cdots, R_n)$。

如图 4-14 所示，每一条实线（或每一条线的分段实线之和）表示各子系统的有效率（即全系统可靠度），每一条虚线（或每一条线的分段虚线之和）为子系统失效率。

B　数学验证

假如存在两个串联子系统 A、B，其可靠度为 R_A、R_B，由新的可靠度单值计算公式可知 R_{AB}的可靠度置信区间为$[R_A+R_B-1,\min(R_A,R_B)]$，$R_A+R_B-1$的置信度为 1。假如再串入一个子系统 C，其可靠度为 R_C。

下面就来分析 AB 系统与 C 系统串联合成 ABC 系统的可靠度的端点计算结果:

若用 R_{AB}的可靠度置信区间$[R_A+R_B-1,\min(R_A,R_B)]$的两端数值作为可靠度与 C 系统的可靠度 R_C 参与计算。AB 系统置信度为 1 的可靠度单一数值 R_A+R_B-1 与 C 系统串联合成 ABC 系统的可靠度的公式计算结果为 $R_{ABC1}=[R_A+R_B-1+R_C-1,\min(R_A+R_B-1,R_C)]$，称为可靠度第一分区。AB 系统可靠度最高数值 $\min(R_A,R_B)$与 C 系统串联合成 ABC 系统的可靠度的公式计算结果为 $R_{ABC2}=[\min(R_A+R_B)+R_C-1,\min(R_A,R_B,R_C)]$，称为可靠度第二分区。

由于 $R_A+R_B-1\leqslant\min(R_A,R_B)$，则 $R_A+R_B-1+R_C-1\leqslant\min(R_A,R_B)+R_C-1$，因此 $R_A+R_B-1+R_C-1$ 仍是最小数值。由于 $R_A+R_B-1\leqslant R_B$，$R_A+R_B-1\leqslant R_A$，则 $\min(R_A,R_B,R_C)\geqslant\min(R_A+R_B-1,R_C)$，因此 $\min(R_A, R_B, R_C)$仍是最大数值。情况符合利用可靠度单值公式的直接计算结果，即可靠度极小值 $R_A+R_B+R_C-2$，可靠度极大值 $\min(R_A, R_B, R_C)$。

经验证：若串联多个子系统，则多个子系统具有同类性质的以此类推性，其结果必然符合公式（4-9）的要求。

4.4.3.2　并联子系统可靠度单值之间集成可靠度综合图解法

A　求解方法

下面以此种更直观的思路进行并联系统单值可靠度之间的集成可靠度值求解。

假如 H 系统由具有 R_1、R_2、R_3、…、R_n可靠度的第 1、2、3、…、n 个系统并联而成，各子系统有效率与失效率具有多种对应关系，子系统有效率与失效率和值为 1。

若将具有的 R_1、R_2、R_3、…、R_n子系统分别看作一个个独立事件，则 H 并联系统有效率最严酷的情况（亦即可靠度最小数值）是将由第 1、2、3、…、n 个系统中可靠度最大的子系统有效率与剩余任意子系统有效率的最大程度地同时相遇（即长板子系统有效率决定了 H 系统的有效率），$R_{\text{Hmin}} = \max(R_1, R_2, R_3, \cdots, R_n)$。

如图 4-15 所示，其中每一条实线（或每一条线的分段实线之和）表示各子系统的有效率（即可靠度），每一条虚线（或每一条线的分段虚线之和）为子系统的失效率。

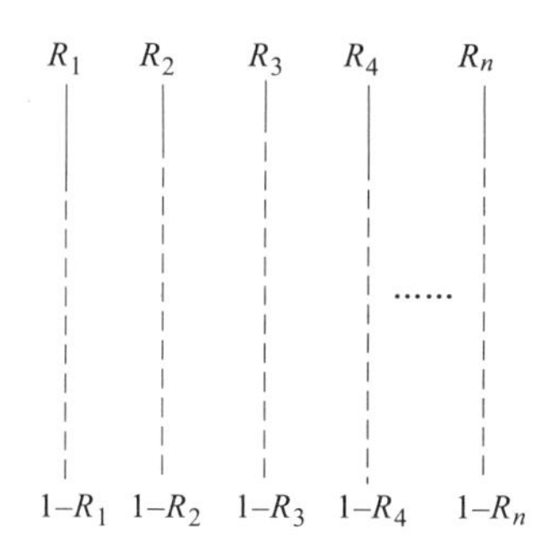

图 4-15　并联系统子系统有效率极值效应最小分布

H 并联系统有效率最理想的情况（即可靠度最大数值）是将由其中任意一个子系统（各子系统具有同等地位，假如指定可靠度为 R_1 的子系统 1）的失效率被其余子系统的有效率最大程度地独立交割，即 $1-R_1$ 最大程度地对应（$R_2+R_3+R_4+\cdots+R_n$），则 H 系统的有效率即指定子系统的有效率与剩余子系统的有效率之和，即 $R_{\text{Hmax}} = R_1 + (R_2 + R_3 + R_4 + \cdots + R_n) = \sum_{i=1}^{n} R_i$。

如图 4-16 所示，其中每一条实线（或每一条线的分段实线之和）表示各子系统的有效率（即可靠度），每一条虚线（或每一条线的分段虚线之和）为子系统的失效率。

当 $\sum_{i=1}^{n} R_i$ 数值小于等于 1 时，R_{Hmax} 数值为其原值；当 $\sum_{i=1}^{n} R_i$ 数值大于 1 时，R_{Hmax} 数值取为 1。当 $\sum_{i=1}^{n} R_i$ 数值大于 1 时，是在规定数值计算时，子系统 1 失效率数值被其余子系统的有效率过度重复交割，由于各子系统有效率与失效率之和为 1，形成有效率与失效率的一一对应关系，不可能被过度重复交割，亦即子系统 2 失效率数值最大只能被其余子系统失效率等值独立交割，此时子系统 2 失效率数值已经被其他子系统有效率完全独立分割尽，H 系统的有效率即 R_{Hmax} 数值已经达到数值 1，再继续重复交割已经不可能，各子系

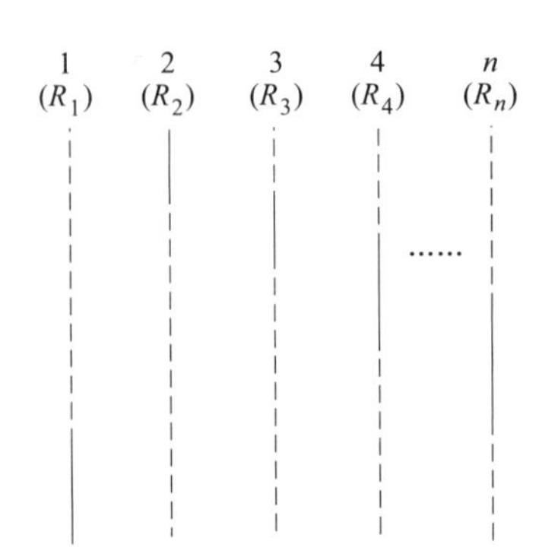

图 4-16　并联系统子系统有效率极值效应最大分布

统只能形成有效率与失效率契合的一一对应关系。

因此，当 R_{Hmax} 计算结果大于 1 时，按照可靠度最大数值可规定归为 1。R_{Hmax} 出现大于 1 时，不影响结果判断，不对其他正常计算的小于等于 1 的数值带来任何影响。

由此可见，R_H 可解析为一个具有极小与极大值的可靠度置信区间，即：

$$R_H = [R_{Hmin}, R_{Hmax}] \tag{4-10}$$

其中 $R_{Hmin} = \max(R_1, R_2, R_3, \cdots, R_n)$，其为置信度等于 1 的基准可靠度，可直接作为全系统可靠度真值应用；$R_{Hmax} = R_1 + (R_2 + R_3 + R_4 + \cdots + R_n) = \sum_{i=1}^{n} R_i$。

B　数学验证

假如存在两个并联子系统 A、B，其可靠度为 R_A、R_B，由可靠度单值计算公式可知 R_{AB} 的可靠度置信区间为 $[\max(R_A, R_B), R_A + R_B]$，$\max(R_A, R_B)$ 的置信度为 1。假如再串入一个子系统 C，其可靠度为 R_C。

下面就来分析 AB 系统与 C 系统并联合成 ABC 系统的可靠度的端点计算结果。

若用 R_{AB} 的可靠度置信区间 $[\max(R_A, R_B), R_A + R_B]$ 的两端数值作为可靠度与 C 系统的可靠度 R_C 参与计算。AB 系统置信度为 1 的可靠度单一数值 $\max(R_A, R_B)$ 与 C 系统并联合成 ABC 系统的可靠度的公式计算结果为 $R_{ABC1} = [\max\{\max(R_A, R_B), R_C\}, \max(R_A, R_B) + R_C] = [\max(R_A, R_B, R_C), \max(R_A, R_B) + R_C]$，称为可靠度第一分区。AB 系统可靠度最高数值（$R_A + R_B$）与 C 系统串

联合成 ABC 系统的可靠度的公式计算结果为 $R_{ABC2}=[\max(R_A+R_B,R_C),(R_A+R_B+R_C)]$，称为可靠度第二分区。

由于 $\max(R_A,R_B,R_C)\leqslant\max(R_A+R_B,R_C)$，因此 $\max(R_A,R_B,R_C)$ 仍是最小数值。由于 $(R_A+R_B+R_C)\geqslant\max(R_A,R_B)+R_C$，因此（$R_A+R_B+R_C$）仍是最大数值。情况符合利用公式的计算结果，即可靠度极小值 $\max(R_A,R_B,R_C)$，可靠度极大值（$R_A+R_B+R_C$）。

经验证：若并联多个子系统，则多个子系统具有同类性质的以此类推性，其结果必然符合公式（4-10）的要求。

4.4.3.3 串联子系统可靠度置信区间之间集成可靠度综合图解法

A 求解方法

下面进行基于串联系统子系统可靠度置信区间之间的系统集成可靠度值求解。

假如 F 系统由具有［R_1，R_{11}］、［R_2，R_{22}］、［R_3，R_{33}］、…、［R_i，R_{ii}］、…、［R_n，R_{nn}］可靠度置信区间的第 1、2、3、…、n 个系统串联而成，各子系统有效率与失效率具有多种对应关系。

若将第 1、2、3、…、n 个子系统分别看作一个个独立事件，则 F 串联系统有效率最理想的情况（即可靠度最大数值），将由第 1、2、3、…、n 个系统所有可靠度置信上限中首先选择最低（实际上在首选子系统方面，各子系统具有同等地位，不存在先后次序问题，为便于更好地理解，故作此最低选择）的子系统有效率（假设为子系统 1 的 R_{11}）与剩余子系统可靠度置信上限对应的有效率（R_{22}，R_{33}，…，R_{nn}）的同等数值同时相遇（即可靠度置信上限中的短板子系统有效率决定了 F 系统的最大有效率），即 $R_{F\max}=\min$（R_{11}，R_{22}，R_{33}，…，R_{nn}）。如图 4-13 所示，其中每一条线的实线或实线之和表示各子系统的有效率（即可靠度），每一条线的虚线或虚线之和为子系统的失效率。

F 串联系统有效率最严酷的情况（即可靠度最小数值，见图 4-14）将由所有子系统可靠度置信下限中首先选择最低（实际上在首选子系统方面，各子系统具有同等地位，不存在先后次序问题，为便于更好地理解，故作此最低选择）的子系统有效率（假设为子系统 1 的 R_1）被剩余子系统可靠度置信下限对应的所有失效率（$1-R_2$，$1-R_3$，…，$1-R_n$；此类失效率是每个子系统独有可靠度置信区间中的最大值）最大程度逐一连续对应分割，则 F 系统的有效率即可靠度置信上限中首先选择的子系统最小有效率与剩余子系统的最大失效率之和的差额，即：

$$R_{\mathrm{Fmin}} = R_1 - [(1 - R_2) + (1 - R_3) + (1 - R_4) + \cdots + (1 - R_n)]$$
$$= \sum_{i=1}^{n} R_i - (n - 1) = 1 - \sum_{i=1}^{n} (1 - R_i)$$

可靠度最大值、最小值及可靠度置信区间值比较分析：F 串联系统有效率最理想的情况（即可靠度最大数值）的求解是基于各子系统可靠度置信上限选择，很明显其解析结果一定是所有置信区间之间计算的最大值；F 串联系统有效率最严酷的情况（即可靠度最小数值）是基于可靠度置信下限最小值与其余子系统所有置信下限对应的失效率之和（和值最大）的差，其解析结果一定是所有置信区间之间计算的最小值。因此，置信区间其他可靠度值的计算则无需再考虑分析。

由此可见，R_{F} 可解析为一个具有极小与极大值的可靠度置信区间，即：

$$R_{\mathrm{F}} = [R_{\mathrm{Fmin}}, R_{\mathrm{Fmax}}] \tag{4-11}$$

其中，$R_{\mathrm{Fmin}} = \sum_{i=1}^{n} R_i - (n-1) = 1 - \sum_{i=1}^{n} (1 - R_i)$，其为置信度等于 1 的基准可靠度，可选择性作为全系统可靠度真值应用；$R_{\mathrm{Fmax}} = \min(R_{11}, R_{22}, R_{33}, \cdots, R_{nn})$。

可靠度置信区间之间计算出的可靠度值结果范围界定特征，同串联系统可靠度单值之间的计算。即可靠度值范围界定为［0，1］，当结果小于零时取 0。

现分析不同情况，当 $R_i = R_{ii}$，且 i 为 $1 \sim n$ 其中部分数值时，实际上是部分可靠度单值与可靠度值区间数值一同参与计算，无论从图示态势分析，还是从公式计算上是完全可行且是符合实际的。当 i 为 $1 \sim n$ 全部时，则可靠度串联系统可靠度置信区间回归可靠度串联系统单值，计算公式同样是符合的。由此可见，串联系统的子系统可靠度无论是单值与单值、单值与区间、区间与区间计算，皆可以上述公式实现。

B　数学验证

假如存在两个串联子系统 A、B，其可靠度为［R_{A}，R_{AA}］、［R_{B}，R_{BB}］。若将可靠度极端值 R_{A}、R_{B}、R_{AA}、R_{BB} 分别组合，利用单值由公式可知 R_{AB} 的可靠度置信区间端点值为$[R_{\mathrm{A}}+R_{\mathrm{B}}-1, \min(R_{\mathrm{A}}, R_{\mathrm{B}})]$、$[R_{\mathrm{AA}}+R_{\mathrm{B}}-1, \min(R_{\mathrm{AA}}, R_{\mathrm{B}})]$、$[R_{\mathrm{A}}+R_{\mathrm{BB}}-1, \min(R_{\mathrm{A}}, R_{\mathrm{BB}})]$、$[R_{\mathrm{AA}}+R_{\mathrm{BB}}-1, \min(R_{\mathrm{AA}}, R_{\mathrm{BB}})]$。经过比

较可知，$R_A+R_B-1 \leqslant R_{AA}+R_B-1$，$R_A+R_B-1 \leqslant R_A+R_{BB}-1$，$R_A+R_B-1 \leqslant R_{AA}+R_{BB}-1$，则 R_A+R_B-1 为 R_{AB} 端点极小值；$\min(R_A, R_B) \leqslant \min(R_{AA}, R_B) \leqslant \min(R_{AA}, R_{BB})$，$\min(R_A, R_B) \leqslant \min(R_A, R_{BB}) \leqslant \min(R_{AA}, R_{BB})$，则 $\min(R_{AA}, R_{BB})$ 为 R_{AB} 端点极大值。情况符合利用串联系统区间可靠度公式的直接计算结果，即可靠度极小值（置信下限）为 R_A+R_B-1，可靠度极大值（置信上限）为 $\min(R_{AA}, R_{BB})$。

经验证：若串联多个子系统，则多个子系统具有同类性质的可比的依此类推性，其结果必然符合公式（4-11）。

广义上而言，串联系统可靠度单值与可靠度置信区间的计算属于区间计算范畴。

4.4.3.4　并联子系统可靠度置信区间之间集成可靠度综合图解法

A　求解方法

下面进行基于并联系统子系统可靠度置信区间之间的系统集成可靠度值求解。

假如 H 系统由具有可靠度置信区间［R_1，R_{11}］、［R_2，R_{22}］、［R_3，R_{33}］、…、［R_i，R_{ii}］、…、［R_n，R_{nn}］的第 1、2、3、…、n 个系统并联而成，各子系统有效率与失效率具有多种对应关系。

若将第 1、2、3、…、n 个子系统分别看作一个个独立事件，则 H 并联系统有效率最严酷的情况（即可靠度最小数值）将由第 1、2、3、…、n 个系统所有可靠度置信下限中首先选择最大（实际上在首选子系统方面，各子系统具有同等地位，不存在先后次序问题，为便于更好地理解，故作此最大选择）的子系统有效率（假设为子系统 1 的 R_1）与剩余子系统可靠度置信下限对应的有效率（R_2，R_3，…，R_n）的同等数值最大程度地同时相遇（即可靠度置信下限中的长板子系统有效率决定了 H 系统的最小有效率），$R_{Hmin}=\max(R_1, R_2, R_3, \cdots, R_n)$。如图 4-15 所示，其中每一条线的实线（或实线之和）表示各子系统的有效率（即可靠度），每一条线的虚线（或虚线之和）为子系统的失效率。

H 并联系统有效率最理想的情况（即可靠度最大值）将由所有子系统可靠度置信上限中首先选择最大（实际上在首选子系统方面，各子系统具有同等地位，不存在先后次序问题，为便于更好地理解，故作此最大选择）的子系统有效率（假设为子系统 1 的 R_{11}）所对应的失效率被剩余子系统可靠度置信上限中有效率（R_2，R_3，…，R_n）最大程度地逐一连续对应交割，则 H 系统的有效率为指定子系统可靠度置信上限的有效率与剩余子系统可靠度置信上限的有效率之和，即 $R_{Hmax}=R_{11}+(R_{22}+R_{33}+R_{44}+\cdots+R_{nn})=\sum_{i=1}^{n}R_{ii}$，如图 4-16 所示。

由此可见，R_H 可解析为一个具有极小与极大值的可靠度置信区间，即：

$$R_H=[R_{Hmin},R_{Hmax}] \tag{4-12}$$

其中，$R_{Hmin}=\max(R_1,R_2,R_3,\cdots,R_n)$，其为置信度等于 1 的基准可靠度，可选择性作为全系统可靠度真值应用；$R_{Hmax}=R_{11}+(R_{22}+R_{33}+R_{44}+\cdots+R_{nn})=\sum_{i=1}^{n}R_{ii}$。

可靠度置信区间之间解算出的可靠度值结果范围界定特征，同并联系统可靠度单值之间的解算。即可靠度值范围界定为［0，1］，当结果大于 1 时取值 1。现分析不同情况，当 $R_i=R_{ii}$，且 i 为 $1\sim n$ 其中部分数值时，实际上是有部分可靠度单值与区间数值一同参与计算，无论从图示态势分布分析，还是从公式计算上是完全可行且是符合实际的。当 i 为 $1\sim n$ 全部时，则区间可靠度并联系统回归单值可靠度并联系统，计算公式同样是符合的。由此可见，并联系统的子系统可靠度无论是单值与单值、单值与区间、区间与区间计算，皆可以通过公式（4-12）实现计算。

B 数学验证

假如存在两个并联子系统 A、B，其可靠度为［R_A，R_{AA}］、［R_B，R_{BB}］，其中 $R_A<R_{AA}$，$R_B<R_{BB}$。若将可靠度极端值 R_A、R_B、R_{AA}、R_{BB}分别组合，由并联系统可靠度单值公式可知 R_{AB}的可靠度置信区间端点值为$[\max(R_A, R_B), R_A+R_B]$、$[\max(R_{AA}, R_B), R_{AA}+R_B]$、$[\max(R_A, R_{BB}), R_A+R_{BB}]$、$[\max(R_{AA}, R_{BB}), R_{AA}+R_{BB}]$。经过比较明显可知，$\max(R_A, R_B)\leqslant\max(R_{AA}, R_B)$，$\max(R_A, R_B)\leqslant\max(R_A, R_{BB})$，$\max(R_A, R_B)\leqslant\max(R_{AA}, R_{BB})$，则 $\max(R_A, R_B)$为 R_{AB}端点极小值；$R_A+R_B\leqslant R_{AA}+R_B\leqslant R_{AA}+R_{BB}$，$R_A+R_B\leqslant R_A+R_{BB}\leqslant R_{AA}+R_{BB}$，则 $R_{AA}+R_{BB}$为 R_{AB}端点极大值。情况符合利用并联系统区间可靠度公式的直接计算结果，即可靠度极小值为 $\max(R_A, R_B)$，可靠度极大值为 $R_{AA}+R_{BB}$。

若并联多个子系统，则多个子系统具有同类性质可比的类推性。并联系统可靠度单值与可靠度置信区间的计算可纳入区间计算范畴。同样，串并联混合系统，需按照串联、并联结构的自下而上的层级性质进行组合解析计算。

4.5 可靠度置信区间步长的解析方法

无论串联系统抑或并联系统，由于新的计算方法是将子系统的可靠度值与样本量紧密相关，实际上是将可靠度值变换成基于某种样本量（设为 Q）条件下的有效样本量与失效样本量的计算，由于新的计算方法形成了可靠度置信区间，于是每一个可靠度值与其对应的有效样本量形成了一种唯一的映射关系。

假如由可靠度值与设定的样本量化为有效样本量成为正向化解（乘法），则由有效样本量与设定样本量化为可靠度值成为逆向化解（除法）。由于新的计算方法是基于有效样本量为 1 的变化量，进行可靠度值逆向化解，则可靠度置信区间步长（设为 L）为：

$$L = 1/Q \tag{4-13}$$

以上 1 在 Q 中的映射就形成 $L=1/Q$ 的关系。$L=1/Q$ 的关系仅限于样本量与可靠度相互化解后为整数有效样本量及失效样本量的应用。

由此可知，无论串联系统或并联系统其可靠度值范围是等差数列性质，非无穷连续数据，不同样本量决定着相邻可靠度值的增减步长不同，如样本量为 10，则步长 $L=1/10=0.1$，其数值为 {0.7，0.8}；如样本量为 100，则步长 $L=1/100=0.01$，其数值为 {0.70，0.71，0.72，…，0.79，0.80}；样本量为 250，则步长 $L=1/250=0.004$，其数值为 {0.700，0.704，0.708，…，0.796，0.800}。当样本量趋于无穷大时，以上可靠性数值范围的系列数据才是置信区间内的无穷连续数据。

4.6 基于多元串并联系统的置信度解析方法

4.6.1 基于子系统置信度已知的多元串并联系统置信度解析方法

4.6.1.1 基于置信度已知的多元串联系统置信度解析方法

A 串联系统置信度的本质特性分析

下面进行串联系统置信度 γ_F 的解析。实际上，系统的集成置信度就是基于子系统置信度的求解，在逻辑关系上可类同于串联系统可靠度的求解机理。

比如简单列举两个子系统组成的串联系统：其可靠度 R_1、R_2 的置信度分别为 $\gamma_1 = x\%$、$\gamma_2 = y\%$，其意义就是解析 $x\%$ 的样本空间的 R_1 与 $y\%$ 的样本空间的 R_2 有效相遇问题。无论在可靠度最大有效相遇还是最小有效相遇时，串联系统的性质就是 $x\%$ 的样本空间的 R_1 与 $y\%$ 的样本空间的 R_2 产生共同有效部分（产生有效部分的交集，即只有两个子系统皆有效时全系统才有效）时，才能彰显出全系统的可靠度有效值。因此串联子系统相遇时其样本空间也同时相遇并具有串联系统的性质。比如 100% 的样本空间的 R_1 与 100% 的样本空间的 R_2 共同相遇，那么就不会考虑各个子系统的样本空间相遇问题。但是 $x\%$ 的样本空间的 R_1 与 $y\%$ 的样本空间的 R_2 其样本空间相遇且具有串联系统的特点（两个样本空间相遇同时可信），因此在任何情况下其必然产生样本空间相遇的极大值与极小值态势，也就是全系统可靠度的置信度必然产生一个相同的更高一级的“置信度区间”，从而据此“置信度区间”就可以解析认定全系统的置信度数值，即为置信区间的下限（该下限覆盖其数值概率之和为 1）。

B　串联系统置信度的求解方法

假如 F 系统由具有 γ_1、γ_2、γ_3、…，γ_n 置信度的第 1、2、3、…、n 个系统串联而成，如图 4-13 所示。假如将图 4-13 中 R_1、R_2、R_3、…、R_n 更换为 γ_1、γ_2、γ_3、…，γ_n。置信度从其内涵上可认为是可信的，全样本空间 1 减去置信度的剩余值可认为是不可信值。

当各个子系统可靠度按照极值效应有效相遇对应法进行组合时，其全系统形成一个可靠度置信区间，在可靠度置信区间内每个点的可靠度值产生时，与此同时其子系统置信度值一并被同步携带相遇且具有串联系统的性质（即遵从串联可靠度相遇的类同规律，当各个子系统置信度同时有效时，其可靠度置信区间每个点的可靠度对应的集成置信度才会有效），按照串联特性的置信度极值效应有效相遇对应法，因多种组合形成一个置信度区间（即可靠度置信区间每个点对应的可靠度皆会对应形成一个完全相同的置信度范围区间，此时置信度同样也产生极大值与极小值），其置信下限即为最可信的置信度（即该置信度数值的“置信度”为 1）。

因此置信度的解析与串联系统的可靠度解析道理相同，即当串联系统的子系统置信度数值与其他子系统置信度数值同时相遇时，则相遇部分的数值是可信的；当串联系统的子系统置信度数值与其他子系统的不可信数值或若子系统不可信数值与其他子系统的不可信数值同时相遇，则相遇部分的数值是不可信的（此时，其他系统的失效率同时与该系统的有效率亦最大程度相遇，可靠度值对应的为最可信的基准可靠度）。因此，F 串联系统置信度最理想的情况（亦即置信度最大数值）将由第 1、2、3、…、n 个系统中置信度最低子系统的置信度数值与剩余子系统置信度的同等数值同时相遇（短板子系统置信度决定了 F 系统的最大置信度），$\gamma_{Fmax}=\min(\gamma_1,\gamma_2,\gamma_3,\cdots,\gamma_n)$。如图 4-13 将 R_1、R_2、R_3、…、R_n 更换为 γ_1、γ_2、γ_3、…、γ_n 后所示，其中实线或实线之和表示各子系统可信的置信度数值，虚线或虚线之和为子系统的非可信数值。

F 串联系统可信度最严酷的情况（即可信度最小数值）将由其中任意一个子系统（各子系统具有同等地位，假如指定置信度为 γ_1 的子系统 1）的置信度数值被其他子系统的不可信数值最大程度独立对应分割，则 F 系统的置信度即指定子系统 1 的置信度数值与剩余子系统的不可信数值之和的差额，如图 4-14 将 R_1、R_2、R_3、…、R_n 更换为 γ_1、γ_2、γ_3、…、γ_n 后所示，亦即 $\gamma_{Fmin}=\gamma_1-[(1-\gamma_2)+(1-\gamma_3)+\cdots+(1-\gamma_n)]=\sum_{i=1}^{n}\gamma_i-(n-1)=1-\sum_{i=1}^{n}(1-\gamma_i)$。与串联系统可靠度解析道理相同，当 γ_{Fmin} 计算结果为负时，按照类比可靠度最低数值的规定可归为零。

由此可见，γ_F 可解析为一个具有极小与极大值的数值区间 $[\gamma_{Fmin},\gamma_{Fmax}]$。由于 $\gamma_{Fij}\geqslant\gamma_{Fmin}$（$\gamma_{Fij}$ 为置信区间内的第 i 个可靠度携带的多元置信度的第 j 个置信度），即 γ_{Fmin} 覆盖置信度全部区间，则对于 F 系统而言，γ_{Fmin} 数值发生概率为 1，γ_{Fmin} 百分之百可信；其他 γ_F 大于 γ_{Fmin} 的数值是不完全可信的，是随机发生的。因此，可认定 γ_{Fmin} 为串联系统新的置信度且 γ_{Fmin} 覆盖串联系统新求解的可靠度置信区间，即：

$$\gamma_{Fmin}=1-\sum_{i=1}^{n}(1-\gamma_i) \tag{4-14}$$

4.6.1.2 基于置信度已知的多元并联系统置信度解析方法

A 并联系统置信度的本质特性分析

下面进行并联系统的置信度 γ_H 数值求解证明。实际上，系统的集成置信度就是基于子系统置信度的求解，在逻辑关系上可类同于并联系统可靠度的求解机理。比如简单列举两个子系统组成的并联系统：其可靠度 R_1、R_2的置信度分别为 $\gamma_1=x\%$、$\gamma_2=y\%$，其意义就是 $x\%$的样本空间的 R_1与 $y\%$的样本空间的 R_2有效相遇问题。无论是可靠度最大有效相遇还是最小有效相遇时，并联系统的性质就是 $x\%$的样本空间的 R_1与 $y\%$的样本空间的 R_2只要在其中一个有效部分相遇（形成有效部分合集，即两个子系统中只要其一有效则全系统就会有效）时，才能彰显出全系统的可靠度有效值。因此，并联子系统相遇时其样本空间也同时相遇并具有并联系统的性质。比如 100%的样本空间的 R_1与 100%的样本空间的 R_2共同相遇，因为其相遇可信程度为 1，那么就不会考虑各个子系统样本空间相遇的可信问题。但是 $x\%$的样本空间的 R_1与 $y\%$的样本空间的 R_2其样本空间相遇且具有并联系统的特点（其中一个有效即可保证系统整体有效），因此在任何情况下其必然产生样本空间相遇的极大值与极小值态势，也就是全系统可靠度的置信度必然产生一个相同的更高一级的“置信度区间”，从而据此“置信度区间”就可以解析全系统的置信度数值，即为置信度最小值可认定为系统的集成置信度（覆盖该最小值概率之和为 1）。

B　并联系统置信度的求解方法

假如 H 系统由具有 γ_1、γ_2、γ_3、…、γ_n 置信度的第 1、2、3、…、n 个系统并联而成，如图 4-15 所示。假如将图 4-15 中 R_1、R_2、R_3、…、R_n 更换为 γ_1、γ_2、γ_3、…、γ_n。假如置信度可称为可信值，全样本空间 1 减去置信度的剩余数值可称为不可信值。

当各子系统可靠度按照极值效应有效相遇对应法组合时其全系统形成一个可靠度置信区间，在可靠度置信区间内的每个点可靠度值产生时，其子系统置信度数值一并被携带按照并联特性的置信度极值效应有效相遇对应法因多种组合形成一个置信度范围区间，此时置信度同样也产生极大值与极小值，遵从并联可靠度相遇的类同规律，其置信度区间的最小数值即为系统最可信的置信度（即该置信度数值的“置信度”为 1）。

因此置信度的解析与并联系统的可靠度解析道理相同，即当并联系统的子系统可信数值与其他子系统任意数值（可信或不可信皆可）同时相遇时，因为只要其中之一的子系统可靠度可信，则相遇部分的数值都是可信的；当并联系统的子系统不可信数值与其他子系统的不可信数值等值同时相遇，则相遇部分的数值才是不可信的（此时，其他系统的失效率同时与该系统的有效率亦最大程度相遇，可靠度值对应的为最可信的基准可靠度）。因此，H 并联系统可信度最严酷的情况（亦即置信度最小数值）将由第 1、2、3、…、n 个系统中可信度最高的子系统的置信度数值与剩余任意子系统的置信度最大程度地同时相遇（长板子系统可信度决定了 H 系统的最低置信度），$\gamma_{\mathrm{Hmin}}=\max(\gamma_1,\gamma_2,\gamma_3,\cdots,\gamma_n)$；如图 4-15 将 R_1、R_2、R_3、…、R_n 更换为 γ_1、γ_2、γ_3、…、γ_n 后所示，其中实线或实线之和表示各子系统的可信度数值，虚线或虚线之和为各子系统的不可信数值。

H 并联系统可信度最理想的情况（即置信度最大数值）将由其中任意一个子系统（各子系统具有同等地位，假如指定置信度为 γ_1 的子系统 1）的不可信度数值被其他子系统的可信数值最大程度独立对应分割，即 $1-\gamma_1$ 最大程度地对应 $\gamma_1+\gamma_2+\gamma_3+\cdots+\gamma_n$，则 H 系统的置信度即指定子系统的置信度与剩余子系统的置信度之和，即 $\gamma_{\mathrm{Hmax}}=\gamma_1+(\gamma_2+\gamma_3+\cdots+\gamma_n)=\sum_{i=1}^{n}\gamma_i$，如图 4-16 所示。与并联系统可靠度解析道理相同，当 γ_{Hmax} 计算结果大于 1 时，按照类比可靠度最高数值的规定可归为 1。由此可见，γ_{H} 可解析为一个具有极小与极大值的数值区间 $[\gamma_{\mathrm{Hmin}}, \gamma_{\mathrm{Hmax}}]$。

由于 $\gamma_{\mathrm{H}i}\geqslant\gamma_{\mathrm{Hmin}}$（$\gamma_{\mathrm{H}ij}$ 为置信区间内的第 i 个可靠度携带的多元置信度的第 j 个置信度），即 γ_{Hmin} 覆盖可信度全部区间，则对于 H 系统而言，γ_{Hmin} 数值发生概率为 1，γ_{Hmin} 百分之百可信；其他大于 γ_{Hmin} 的 γ_{H} 数值是不完全可信的，是区间内随机发生的。因此，可认定 γ_{Hmin} 为并联系统新的置信度且 γ_{Hmin} 覆盖并联系统新求解的可靠度置信区间，即：

$$\gamma_{\mathrm{Hmin}}=\max(\gamma_1,\gamma_2,\gamma_3,\cdots,\gamma_n) \tag{4-15}$$

4.6.2 基于子系统置信度未知的多元串并联系统置信度解析方法

4.6.2.1 基于置信度未知的两个串联子系统置信度解析方法

假如 F 系统由具有 R_1、R_2 可靠度的第 1、2 个子系统串联而成，若其中 R_j 为其中最小值（$j=1$ 或 2）。假如样本量为 M，则各子系统的有效样本量为 MR_1、MR_2，失效样本量为 $M(1-R_1)$、$M(1-R_2)$。

由图 4-13 和图 4-14 中第 1、2 个子系统图示分析可知：如果第 j 个子系统的可靠度为最小，则以第 j 个子系统为基准，其有效样本量选取另一个子系统失效样本量（即为最大值）以 1 的步长减至零的组合，会同于第 j 个子系统失效样本量选取另一个子系统失效样本量以 1 的步长由零增至最大值（即为另一个子系统失效样本量）同步组合的乘积。此时需满足第 j 个子系统的有效样本量不小于另一个子系统的失效样本量。

若第 j 个子系统的有效样本量小于另一个子系统的失效样本量时，此时第 j 个子系统的失效样本量不小于另一个子系统的有效样本量，需建立以第 j 个子系统为基准的样本量组合计算模型。即第 j 个子系统的失效样本量选取另一个子系统的有效样本量以 1 的步长从最大至最小的交割组合，会同第 j 个子系统的有效样本量选取另一个子系统的失效样本量以 1 的步长从最小至最大分割的同步组合的乘积。

（1）第 j 个子系统的有效样本量不小于另一个子系统的失效样本量时，若 F 系统的可靠度为 R_{F}，则集成可靠度（由小至大）分布所对应的组合量（第 j 个系统由于是隐含其中，计算除外）为：

$$
\begin{gathered}
C_{MR_j}^{(MR_j-M)+M\sum\limits_{i=1}^{2}(1-R_i)} C_{M(1-R_j)}^{0} \\
C_{MR_j}^{(MR_j-M-1)+M\sum\limits_{i=1}^{2}(1-R_i)} C_{M(1-R_j)}^{1} \\
C_{MR_j}^{(MR_j-M-2)+M\sum\limits_{i=1}^{2}(1-R_i)} C_{M(1-R_j)}^{2} \\
\vdots \\
C_{MR_j}^{0} C_{M(1-R_j)}^{(MR_j-M)+M\sum\limits_{i=1}^{2}(1-R_i)}
\end{gathered}
\tag{4-16}
$$

总的组合量：

$$
C_{M}^{(MR_j-M)+M\sum\limits_{i=1}^{2}(1-R_i)} \quad (\text{第 } j \text{ 个系统除外})
$$

（2）当第 j 个子系统的有效样本量小于另一个子系统的失效样本量时，此时第 j 个子系统的失效样本量大于另一个子系统的有效样本量（对于正常的系统来说，这种情况较少出现。一旦出现则表明系统可靠性极差）。若 F 系统的可靠度为 R_{F}，则集成可靠度（由小至大）分布所对应的组合量（第 j 个系统由于是隐含其中，计算除外）为：

$$
\begin{aligned}
&C_{M(1-R_j)}^{-MR_j+M\sum_{i=1}^{2}R_i}C_{MR_j}^{0}\\
&C_{M(1-R_j)}^{-MR_j-1+M\sum_{i=1}^{2}R_i}C_{MR_j}^{1}\\
&C_{M(1-R_j)}^{-MR_j-2+M\sum_{i=1}^{2}R_i}C_{MR_j}^{2}\\
&\vdots\\
&C_{M(1-R_j)}^{-2MR_j+M\sum_{i=1}^{2}R_i}C_{MR_j}^{MR_j}
\end{aligned}
\tag{4-17}
$$

总的组合量：

$$C_M^{-MR_j+M\sum_{i=1}^{2}R_i}\quad（第 j 个系统除外）$$

鉴于 MR_j 小于另一个子系统的有效样本量，所以公式中第 j 个系统有效样本量选取另一个子系统的有效样本量组合趋势中最大不能超出第 j 个系统的有效样本量数值。

与此同时，当第 j 个子系统的有效样本量小于另一个子系统的失效样本量时，可采用以另一个系统为基准，通过另一个系统的有效样本量选取第 j 个系统的有效样本量会同另一个系统的失效样本量选取第 j 系统的有效样本量的各种组合来解析系统的集成置信度。详细模型公式在此不再赘述，道理与（1）、（2）类同。

通过（1）、（2）可知，由以上组合量可得出从可靠度置信区间内的每个可靠度（按照可靠度步长递增）所对应的概率即每个可靠度值对应的组合量与总组合量之比，覆盖每个可靠度值以上的概率之和即为该数值的置信度。

4.6.2.2 基于置信度未知的两个并联子系统置信度解析方法

假如 H 系统由具有 R_1、R_2 可靠度的第 1、2 个子系统并联而成，若其中 R_j 为其中最大值（$j=1$ 或 2）。假如样本量为 M，则各子系统的有效样本量为 MR_1、MR_2，失效样本量为 $M(1-R_1)$、$M(1-R_2)$。

由图 4-15 和图 4-16 的第 1、2 个系统图示可知：如果第 j 个系统的可靠度为最大，则以第 j 个子系统为基准，进行其有效样本量选取另一个子系统的失效样本量（最大值）以 1 的步长由大至小的组合，会同第 j 个子系统失效样本量选取另一个子系统失效样本量以 1 的步长由小至大同步组合的乘积（此时需满足第 j 个子系统的有效样本量不小于另一个子系统的失效样本量）。

当第 j 个子系统的有效样本量小于另一个子系统的失效样本量时，此时第 j 个子系统的失效样本量不小于另一个子系统的有效样本量，需建立以第 j 个子系统为基准的样本量组合计算模型，即以可靠度最大的第 j 个子系统的有效样本量选取另一个子系统的有效样本量以 1 的步长由小至大的组合，会同第 j 个子系统的失效样本量选取另一个子系统的有效样本量以 1 的步长由大至小同步组合的乘积。

（1）第 j 个子系统的有效样本量不小于另一个子系统的失效样本量时，若 H 系统的可靠度为 R_H，则集成可靠度（由大至小）分布所对应的组合量为：

$$\begin{gathered} C_{MR_j}^{(MR_j-M)+M\sum_{i=1}^{2}(1-R_i)} C_{M(1-R_j)}^{0} \\ C_{MR_j}^{(MR_j-M-1)+M\sum_{i=1}^{2}(1-R_i)} C_{M(1-R_j)}^{1} \\ C_{MR_j}^{(MR_j-M-2)+M\sum_{i=1}^{2}(1-R_i)} C_{M(1-R_j)}^{2} \\ \vdots \\ C_{MR_j}^{0} C_{M(1-R_j)}^{(MR_j-M)+M\sum_{i=1}^{2}(1-R_i)} \end{gathered} \tag{4-18}$$

总的组合量：

$$C_{M}^{(MR_j-M)+M\sum_{i=1}^{2}(1-R_i)} \quad (\text{第}\ j\ \text{个系统除外})$$

（2）当第 j 个子系统的有效样本量小于另一个子系统的失效样本量时，此时第 j 个子系统的失效样本量不小于另一个子系统的有效样本量。若 H 系统的可靠度为 R_H，则集成可靠度（由大至小）分布所对应的组合量为：

$$\begin{gathered} C_{M(1-R_j)}^{-MR_j+M\sum_{i=1}^{2}R_i} C_{MR_j}^{0} \\ C_{M(1-R_j)}^{-MR_j-1+M\sum_{i=1}^{2}R_i} C_{MR_j}^{1} \\ C_{M(1-R_j)}^{-MR_j-2+M\sum_{i=1}^{2}R_i} C_{MR_j}^{2} \\ \vdots \\ C_{M(1-R_j)}^{-2MR_j+M\sum_{i=1}^{2}R_i} C_{MR_j}^{MR_j} \end{gathered} \tag{4-19}$$

总的组合量：

$$C_{M}^{-MR_j+M\sum_{i=1}^{2}R_i} \quad (\text{第}\ j\ \text{个系统除})$$

由以上组合量可得出，从可靠度置信区间内的每个可靠度值（按照可靠度步长递增）所对应的概率，即每个可靠度值对应的组合量与总的组合量之比。覆盖每个可靠度值之上的概率之和即为该可靠度值的置信度。

4.6.2.3 基于置信度未知的多个串并联子系统集成置信度解析方法

以上 4.6.2.1 节、4.6.2.2 节的推导是基于两个子系统组成串联或并联系统置信区间内可靠度分布所对应的组合量及总的组合量。为便于进行多个系统串联后的置信度（或概率）通用数学模型计算，原定进行由多个子系统组成的串并联系统置信区间内可靠度分布所对应的组合量及总的组合量的数学推导，但由于组合太复杂，目前尚未找寻到相关合适的推导方法。

在实际应用中，可以两种方法进行迭代或等效替代计算，一种方法是基于全系统等效模型的迭代计算，另一种方法是基于两个子系统为雏形的树状拓化计算。基于全系统等效模型的推导方法很多、类型相近，下面仅介绍选定的几种。

A 基于置信度未知的多个串并联子系统集成置信度迭代求解方法

a 基于置信度未知的多个串联子系统集成置信度迭代求解方法

（1）求解方法。首先推导给出串并联全系统的等效模型：假如 F 系统由具有 R_1、R_2、R_3、…、R_i、…、R_n 可靠度的第 1、2、3、…、i、…、n 个子系统串联而成，若其中 R_j 为其中最小值。假如样本量为 M，则各子系统的有效样本量为 MR_1、MR_2、MR_3、…、MR_i、…、MR_n，失效样本量为 $M(1-R_1)$、$M(1-R_2)$、$M(1-R_3)$、…、$M(1-R_i)$、…、$M(1-R_n)$。

由图 4-13 和图 4-14 可知，如果第 j 个子系统的可靠度为最小，则以第 j 个子系统有效样本量为基准，选取其余子系统从其失效样本量之和以 1 的步长从最大减至最小的组合，并会同第 j 个子系统失效样本量选取其余子系统失效样本量之和以 1 的步长由最小到最大同步组合（此时需满足第 j 个子系统的有效样本量不小于其余系统的失效样本量之和）的乘积。

因此当第 j 个子系统的有效样本量小于其余系统的失效样本量之和时，也需建立以第 j 个子系统为基准的样本量组合计算模型。即表示为第 j 个子系统的有效样本量选取其余子系统的有效样本量之和以 1 的步长从最小至最大的组合，并会同第 j 个子系统的失效样本量选取其余子系统的有效样本量之和从最大至最小同步组合的乘积。

下面将进行相对近似模型的推导(其与标准模型存在一定的误差,可利用迭代方式按照一定的规划精度来进行计算,直至达到可控精度内的结果)。迭代方法即利用置信区间内所有可靠度概率之和为 1,且区间内所有可靠度值与其概率乘积之和等于可靠性传统模型求解的可靠度值。

1)第 j 个子系统(可靠度最小)的有效样本量不小于其余子系统的失效样本量之和时,若 F 系统的可靠度为 R_F,则串联系统集成可靠度(由小至大)分布所对应的近似模型组合量(第 j 个系统由于是隐含其中,计算除外)为:

$$
\begin{gathered}
C_{MR_j}^{(MR_j-M)+M\sum_{i=1}^{n}(1-R_i)}C_{M(1-R_j)}^{0} \\
C_{MR_j}^{(MR_j-M-1)+M\sum_{i=1}^{n}(1-R_i)}C_{M(1-R_j)}^{1} \\
C_{MR_j}^{(MR_j-M-2)+M\sum_{i=1}^{n}(1-R_i)}C_{M(1-R_j)}^{2} \\
\vdots \\
C_{MR_j}^{0}C_{M(1-R_j)}^{(MR_j-M)+M\sum_{i=1}^{n}(1-R_i)}
\end{gathered}
\tag{4-20}
$$

总的组合量:

$$
C_{M}^{(MR_j-M)+M\sum_{i=1}^{n}(1-R_i)} \quad (\text{第 } j \text{ 个系统除外})
$$

此近似模型在某种程度上接近实际系统，但不完全代表真实的全系统，需要通过该模型迭代达到一定精度的等效要求后，概率数值才能得以应用。

2）当第 j 个子系统（可靠度最小）的有效样本量小于其余系统的失效样本量之和时，若 F 系统的可靠度为 R_F，则串联系统集成可靠度（由小至大）分布所对应的近似模型组合量（第 j 个系统由于是隐含其中，计算除外）为:

$$
\begin{gathered}
C_{M(1-R_j)}^{-MR_j+M\sum_{i=1}^{n}R_i}C_{MR_j}^{0} \\
C_{M(1-R_j)}^{-MR_j-1+M\sum_{i=1}^{n}R_i}C_{MR_j}^{1} \\
C_{M(1-R_j)}^{-MR_j-2+M\sum_{i=1}^{n}R_i}C_{MR_j}^{2} \\
\vdots \\
C_{M(1-R_j)}^{-2MR_j+M\sum_{i=1}^{n}R_i}C_{MR_j}^{MR_j}
\end{gathered}
\tag{4-21}
$$

总的组合量：

$$C_{M}^{-MR_j+M\sum_{i=1}^{n}R_i} \quad （第 j 个系统除外）$$

同样此近似模型在某种程度上接近实际系统，但并非是完全真实的全系统。

（2）迭代方法分析。准备上述模拟模型式（4-20）、式（4-21）作为拟合起始模型，进行迭代计算，即模拟模型置信区间内的可靠度对应的概率之和为 1，以及置信区间内所有可靠度值与其概率乘积之和应与可靠性传统模型求解的可靠度值相等，以此两个条件进行迭代。同时利用模拟模型置信区间内所有可靠度值与其概率乘积之和的数值 R_X，与可靠性传统模型求解的可靠度值 R_0 进行比较，差值越小说明概率分布值越接近真实分布。迭代要求设定总体可靠度差值 $|R_X-R_0|$ 为一定的精度，设为 Δ。

在使用过程中，如果式（4-21）中 C_M^X 出现 X 大于 M，则取 $X=M$，其余 C_M^X 中 X 处按照可靠度序列从 M 值开始依次在选取组合量中递减。比如：串联系统的样本量总量为 10，子系统可靠度为 0.7、0.5、0.4，由式（4-21）可知，如果出现区间可靠度的组合量为 $C_6^8C_4^0$、$C_6^7C_4^1$、$C_6^6C_4^2$、$C_6^5C_4^3$、$C_6^4C_4^4$ 可修正为 $C_6^6C_4^0$、$C_6^5C_4^1$、$C_6^4C_4^2$、$C_6^3C_4^3$、$C_6^2C_4^4$，总组合量 C_{10}^8 修正为 C_{10}^6。

同时对模拟模型的概率进行统一调整，即将概率分布值个数按照可靠度由小到大的趋势等分为前区与后区（通过验证可规定，分布值个数为偶数时符合此情况；当概率分布值个数为奇数时，可以选择置信区间的置信上限、置信下限中较小的概率作为保持不变的数值，因为较小的概率对迭代结果影响会更小。此较小的概率称为末端概率。除此末端概率分布值外，其余可依次纳入前后区划分。末端概率分布值不参与概率调整，但需参与拟合可靠度 R_X 计算），对其前区、后区数值按照 Δ 进行相向加减调整。通过计算，当 $R_X<R_0$ 时，按照相同步长对前区的概率值进行降低，对后区同步增加；当 $R_X>R_0$ 时，按照同步长对前区的概率数值进行增加，对后区同步降低，直至迭代值满足精度要求，即可认为该系列概率数值接近真值。

若 $R_X<R_0$ 且经过差值迭代时在某一步骤出现 $R_X>R_0$，或者 $R_X>R_0$ 且经过差值迭代在某一步骤出现 $R_X<R_0$，当满足精度要求时则停止迭代，未满足精度要求，应返回前一步骤进行降低差值 Δ 的调整，重新进入迭代，直至满足要求为止。

当可靠度置信区间最低数值为 0 时，由于可能出现多次过度交割现象导致发生 0 的效能，一般在可靠度值为 0 的概率单值上按照迭代差值 Δ 进行 n 的多倍同步加权迭代（n 为由多元子系统中最少个数的可靠度可生成集成可靠度为 0 后的剩余子系统数与 1 的和值）。比如多元系统由 5 个子系统串联组成，当集成可靠度为 0 时，产生该集成可靠度的最少子系统个数为 3，则剩余 2 与 1 的和即为 n 的值。由以下的验证 2 可鉴。

（3）实例迭代验证。

验证 1：假如 K 系统由代号为 A、B、C 子系统串联而成，其可靠度 R_A、R_B、R_C 分别为 0.9、0.8、0.7，利用传统模型求得 $R_AR_BR_C=R_A\times R_B\times R_C=0.9\times0.8\times0.7=0.504$，利用单值可靠度串联系统计算可求得，$\min R_{ABC}=0.9+0.8+0.7-2=0.4$；$\max R_{ABC}=\min(0.9,\ 0.8,\ 0.7)=0.7$，则 R_{ABC}的可靠度置信区间为［0.4，0.7］。若样本量为 10，则集成可靠度（由小至大）分布所对应的近似模型组合量（第 C 个系统除外）为：

$$C_{MR_j}^{(MR_j-M)+M\sum_{i=1}^{n}(1-R_i)}C_{M(1-R_j)}^{0}=C_7^3C_3^0=35 \qquad \text{（对应可靠度数值 0.4）}$$

$$C_{MR_j}^{(MR_j-M-1)+M\sum_{i=1}^{n}(1-R_i)}C_{M(1-R_j)}^{1}=C_7^2C_3^1=63 \qquad \text{（对应可靠度数值 0.5）}$$

$$C_{MR_j}^{(MR_j-M-2)+M\sum_{i=1}^{n}(1-R_i)}C_{M(1-R_j)}^{2}=C_7^1C_3^2=21 \qquad \text{（对应可靠度数值 0.6）}$$

$$C_{MR_j}^{0}C_{M(1-R_j)}^{(MR_j-M)+M\sum_{i=1}^{n}(1-R_i)}=C_7^0C_3^3=1 \qquad \text{（对应可靠度数值 0.7）}$$

总的组合量：

$$C_{M}^{(MR_j-M)+M\sum_{i=1}^{n}(1-R_i)}=C_{10}^3=120$$

以上各分项组合量之和亦为 120。

$$R_X=0.4\times(35/120)+0.5\times(63/120)+0.6\times(21/120)+0.7\times(1/120)=0.49003$$

由求解可知，该可靠度总体数值 0.49003（R_X）与传统模型求得的数值 0.504（R_0）存有一定误差绝对值为 0.014（当系统个数较少时，其误差较小；若系统个数较多时，其误差会较大），需进一步进行迭代计算。

假如设定拟合可靠度精度与传统可靠性模型误差为 $\Delta=\pm0.001$（小于传统模型误差为负，大于传统模型误差为正，正负皆可），由于可靠度步长为 0.1，则迭代差值人为可设定为 0.01（此量值在 0.001 与 0.1 之间）。重新代

入 R_X 求解，为保证区间可靠度概率数值之和为 1，若可靠度置信区间数值为偶数，两侧对称加减迭代差值，则 $R_{X1}=0.4\times(35/120-0.01)+0.5\times(63/120-0.01)+0.6\times(21/120+0.01)+0.7\times(1/120+0.01)=0.49403$；继续迭代，$R_{X2}=0.46403+0.004=0.49803$，$R_{X3}=0.50203$，$R_{X4}=0.50603$。由于 R_{X3} 为负误差，尚不满足要求，且 R_{X4} 为正误差，因此迭代暂停止。需在 R_{X3} 基础上重新设定迭代差值为 $0.01/2=0.005$，$R_{X4}=0.50203-0.002-0.0025+0.003+0.0035=0.5043$，满足 Δ 的要求，停止迭代。输出概率数值为：

（可靠度值 0.4 对应的概率值）：（35/120 − 0.01 × 3 次 − 0.005）

（可靠度值 0.5 对应的概率值）：（63/120 − 0.01 × 3 次 − 0.005）

（可靠度值 0.6 对应的概率值）：（21/120 + 0.01 × 3 次 + 0.005）

（可靠度值 0.7 对应的概率值）：（1/120 + 0.01 × 3 次 + 0.005）

概率值即为 0.2567（对应可靠度 0.4），0.49（对应可靠度 0.5），0.21（对应可靠度 0.6），0.043（对应可靠度 0.7）。换算为置信度即为 0.9997（对应可靠度 0.4），0.743（对应可靠度 0.5），0.253（对应可靠度 0.6），0.043（对应可靠度 0.7）。

为验证数据迭代的趋向性，再重新设定迭代一次。若设定迭代差值为 0.012，则最终迭代结果为 $R_X=0.50443$。

概率值即为 0.2557（对应可靠度 0.4），0.489（对应可靠度 0.5），0.211（对应可靠度 0.6），0.044（对应可靠度 0.7）。换算为置信度即为 0.9987（对应可靠度 0.4），0.742（对应可靠度 0.5），0.254（对应可靠度 0.6），0.044（对应可靠度 0.7）。基于不同精度的两次迭代，其置信度结果相差不大。

验证 2：假如 K 系统由代号为 A、B、C 子系统串联而成，其可靠度 R_A、R_B、R_C 分别为 0.4、0.3、0.2，利用传统模型求得 $R_AR_BR_C=R_A\times R_B\times R_C=0.4\times0.3\times0.2=0.024$，利用单值可靠度串联系统计算可求得，$\min R_{ABC}=0.4+0.3+0.2-2=0$；$\max R_{ABC}=\min(0.4,0.3,0.2)=0.2$，则 R_{ABC} 的可靠度置信区间为 [0，0.2]。若样本量为 10，其可靠度步长为 0.1，则集成可靠度（由小至大）分布所对应的近似模型组合量（第 C 个系统除外）为：

$$C_{M(1-R_j)^i}^{-MR_j+M\sum_{i=1}^{n}R_i}C_{MR_j}^{0}=C_8^7C_2^0=8 \quad \text{（对应可靠度数值 0）}$$

$$C_{M(1-R_j)}^{-MR_j-1+M\sum_{i=1}^{n}R_i}C_{MR_j}^{1}=C_8^6C_2^1=56 \quad \text{（对应可靠度数值 0.1）}$$

$$C_{M(1-R_j)}^{-2MR_j+M\sum_{i=1}^{n}R_i}C_{MR_j}^{MR_j}=C_8^5C_2^2=56 \quad \text{（对应可靠度数值 0.2）}$$

总的组合量：

$$C_M^{-MR_j+M\sum_{i=1}^{n}R_i} = C_{10}^7 = 120$$

以上各分项的组合量之和亦为 120。

$$R_X = 0 \times (8/120) + 0.1 \times (56/120) + 0.2 \times (56/120) = 0.14$$

由于可靠度为 0 时该系统已经没有利用与解析的价值，为了阐述原理则继续进行验证。由［0，0.2］可知，对应可靠度 0 的末端概率保持不变。但由于可靠度为 0.4、0.3、0.2 的三个子系统由一次交割即可产生为 0 的可靠度，又过度交割 1 次，实际上出现 2 次交割。因此上述［0，0.2］的可靠度（0，0，0.1，0.2）概率分布等效于偶数 4 次分布。

假如设定可靠度与标准模型误差精度为 $\Delta=0.01$（小于标准模型误差为负，大于标准模型误差为正），由于可靠度步长为 0.1，则迭代差值人为可设定为 0.1（此量值在 0.001 与 0.1 之间）。

迭代开始，重新代入 R_X 求解，则 $R_{X1}=0\times(8/120+0.1\times2)+0.1\times(56/120-0.1)+0.2\times(56/120-0.1) = 0\times(8/120)+0.3\times(56/120)+0.3\times(-0.1)= 0.11$。以上需要再迭代 3 次，则 $R_{X12}=0.02$。$|R_X-R_0|=0.004$，满足 Δ 要求，迭代停止。输出概率数值为：

（可靠度值 0 对应的概率值）：　（8/120 + 0.1 × 2 倍 × 4 次）

（可靠度值 0.1 对应的概率值）：（56/120 - 0.1 × 4 次）

（可靠度值 0.2 对应的概率值）：（56/120 - 0.1 × 4 次）

概率值即为 0.867（对应可靠度 0），0.067（对应可靠度 0.1），0.067（对应可靠度 0.2）。

换算为置信度即为 1.001（取值为 1，对应可靠度 0），0.134（对应可靠度 0.1），0.067（对应可靠度 0.2）。

b　基于置信度未知的多个并联子系统集成置信度迭代求解方法

（1）求解方法。假如 F 系统由具有 R_1、R_2、R_3、…、R_i、…、R_n 可靠度的第 1、2、3、…、i、…、n 个子系统并联而成，其中 R_j 为最大值。假如样本量为 M，则各子系统的有效样本量为 MR_1、MR_2、MR_3、…、MR_i、…、MR_n，失效样本量为 $M(1-R_1)$、$M(1-R_2)$、$M(1-R_3)$、…、$M(1-R_i)$、…、$M(1-R_n)$。

由图 4-15 和图 4-16 分析可知：如果第 j 个系统的可靠度为最大，则以第 j 个子系统为基准，进行其有效样本量选取可靠度值中剩余子系统的失效样本量之和以 1 的步长由大到小的组合，会同第 j 个子系统失效样本量选取可靠度值中剩余子系统的失效样本量之和以 1 的步长由小到大同步组合的乘积（此时需满足第 j 个子系统的有效样本量不小于剩余子系统的失效样本量之和）。

因此，当第 j 个子系统的有效样本量小于可靠度剩余子系统的失效样本量之和时，也需建立以第 j 个子系统为基准的样本量组合计算模型。以第 j 个子系统为基准，进行其有效样本量选取可靠度值中剩余子系统的有效样本量之和以 1 的步长由小到大的组合，会同第 j 个子系统失效样本量选取剩余子系统的有效样本量之和以 1 的步长由大到小同步组合的乘积。

同样多个子系统并联后的置信度通用数学模型，由于组合太复杂，目前尚未推导出。但可以推导出相对近似模型，其与标准模型存在一定误差。可利用迭代方式进行计算，直至达到允许误差范围内的结果即可。迭代方法为，利用区间所有可靠度概率之和为 1，以及所有子系统的可靠度值与其概率乘积之和应与传统模型求解的可靠度值相等。其余同串联系统。

1）第 j 个子系统（可靠度最大）的有效样本量不小于其余子系统的失效样本量之和时，若 F 系统的可靠度为 R_F，则全系统集成可靠度由大至小的近似模型组合量为：

$$
\begin{gathered}
C_{MR_j}^{(MR_j-M)+M\sum\limits_{i=1}^{2}(1-R_i)} C_{M(1-R_j)}^{0} \\
C_{MR_j}^{(MR_j-M-1)+M\sum\limits_{i=1}^{2}(1-R_i)} C_{M(1-R_j)}^{1} \\
C_{MR_j}^{(MR_j-M-2)+M\sum\limits_{i=1}^{2}(1-R_i)} C_{M(1-R_j)}^{2} \\
\vdots \\
C_{MR_j}^{0} C_{M(1-R_j)}^{(MR_j-M)+M\sum\limits_{i=1}^{2}(1-R_i)}
\end{gathered}
\tag{4-22}
$$

总的组合量：

$$
C_{M}^{(MR_j-M)+M\sum\limits_{i=1}^{2}(1-R_i)} \quad \text{（第 } j \text{ 个系统除外）}
$$

或者采用：

$$
\begin{gathered}
C_{MR_j}^{M(1-\max R_i)} C_{M(1-R_j)}^{0} \\
C_{MR_j}^{-1+M(1-\max R_i)} C_{M(1-R_j)}^{1} \\
C_{MR_j}^{-2+M(1-\max R_i)} C_{M(1-R_j)}^{2} \\
\vdots
\end{gathered}
$$

$$C_{MR_j}^{0}C_{M(1-R_j)}^{M(1-\max R_i)} \tag{4-23}$$

总的组合量：

$$C_{M}^{M(1-\max R_i)}\quad（第 j 个系统除外）$$

2）当第 j 个子系统的有效样本量小于其余系统的失效样本量之和时，若 F 系统的可靠度为 R_F，则全系统集成可靠度由大至小的近似模型组合量为：

$$\begin{aligned}&C_{M(1-R_j)}^{-MR_j+M\sum_{i=1}^{n}R_i}C_{MR_j}^{0}\\&C_{M(1-R_j)}^{-MR_j-1+M\sum_{i=1}^{n}R_i}C_{MR_j}^{1}\\&C_{M(1-R_j)}^{-MR_j-2+M\sum_{i=1}^{n}R_i}C_{MR_j}^{2}\\&\vdots\\&C_{M(1-R_j)}^{-2MR_j+M\sum_{i=1}^{n}R_i}C_{MR_j}^{MR_j}\end{aligned} \tag{4-24}$$

总的组合量：

$$C_{M}^{-MR_j+M\sum_{i=1}^{n}R_i}\quad（第 j 个系统除外）$$

（2）迭代方法分析。准备上述模拟模型式（4-22）或式（4-23）之一、式（4-24）作为拟合起始模型，进行迭代计算，即模拟模型置信区间内的可靠度对应的概率之和为 1，以及置信区间内所有可靠度值与其概率乘积之和应与可靠性传统模型求解的可靠度值相等，以此两个条件进行迭代。利用模拟模型的概率与模拟模型可靠度的分项乘积之和的数值与传统公式可靠度值比较，迭代要求设定总体可靠度差值精度 $|R_X-R_0|=\Delta$。对模拟模型的概率进行统一的调整，即以概率分布数值划分为前区、后区，对前区、后区进行相向调整，直至迭代数值满足精度要求，即可认为该系列概率数值接近真值。

当可靠度置信区间最大数值为 1 时，由于可能出现多次过度交割现象导致发生 1 的效能，一般在可靠度值为 1 的概率单值上按照迭代差值 Δ 进行 n 的多倍同步加权迭代（n 为由多元子系统中最少个数的可靠度可生成集成可靠度为 1 后的剩余子系统数与 1 的和值）。比如多元系统由 5 个子系统并联组成，当集成可靠度为 1 时，产生该集成可靠度的最少子系统个数为 3，则剩余 2 与 1 的和即为 n 的值。

（3）实例迭代验证。

验证3：假如H系统由代号为1、2、3子系统并联而成，其可靠度R_1、R_2、R_3分别为0.9、0.8、0.7，利用传统模型求得$R_{123}=1-(1-R_1)\times(1-R_2)\times(1-R_3)=0.994$。利用单值可靠度并联系统计算公式$R_{\mathrm{Hmin}}=\max(R_1,R_2,R_3)=0.9$，$R_{\mathrm{Hmax}}=\sum_{i=1}^{3}R_i=0.9+0.8+0.7=1$，则$R_{123}$的可靠度置信区间为[0.9，1]。若样本量为10，则全系统集成可靠度值由大至小的近似模型组合量（第3个系统除外）为：

$$C_{MR_j}^{(MR_j-M)+M\sum_{i=1}^{2}(1-R_i)}C_{M(1-R_j)}^{0}=C_9^3C_1^0=84 \quad (\text{对应可靠度为}1)$$

$$C_{MR_j}^{(MR_j-M-1)+M\sum_{i=1}^{2}(1-R_i)}C_{M(1-R_j)}^{1}=C_9^2C_1^1=36 \quad (\text{对应可靠度为}0.9)$$

总的组合量为：

$$C_M^{M(1-\max R_i)}=C_{10}^3=120$$

以上各分项的组合量之和为120。

$$R_X=1\times(84/120)+0.9\times(36/120)=0.7+0.27=0.97$$

或者采用：

$$C_{MR_j}^{M(1-\max R_i)}C_{M(1-R_j)}^{0}=C_7^1C_3^0=7 \quad (\text{对应可靠度为}1)$$

$$C_{MR_j}^{-1+M(1-\max R_i)}C_{M(1-R_j)}^{1}=C_7^0C_3^1=3 \quad (\text{对应可靠度为}0.9)$$

$$R_X=1\times(7/10)+0.9\times(3/10)=0.7+0.27=0.97$$

由R_X求解可知，可靠度总值0.97与传统模型求得的数值0.994存有一定误差，误差绝对值为0.024，需进一步进行迭代计算。假如设定与标准模型误差为±0.001（小于为负，大于标准模型误差为正，正负皆可），由于可靠度步长为0.1，则迭代差值人为可设定为0.01。重新代入R_X求解，为保证区间可靠度概率值之和为1，若可靠度置信区间数值个数为偶数，前区、后区以迭代差值进行加减调整；若可靠度置信区间数值为奇数个数，则选择置信区间置信上限、置信下限中概率较小者保持不变，其余前区、后区迭代调整。

则$R_X=1\times(7/10+0.01)+0.9\times(3/10-0.01)=0.71+0.261=0.971$。继续迭代共24次后，$R_X=0.994$。恰好误差为零，满足要求，迭代停止。

输出概率数值：可靠度1对应的概率值为$(7/10+0.01\times24)=0.94$；可靠度0.9对应的概率值为$(3/10-0.01\times24)=0.06$。

换算成的置信度值：可靠度0.9对应的置信度为1；可靠度1对应的置信

度为 0.94。

验证 4：假如 H 系统由代号为 1、2、3 子系统并联而成，其可靠度 R_1、R_2、R_3 分别为 0.4、0.3、0.2，利用传统模型求得 $R_{123}=1-(1-R_1)\times(1-R_2)\times(1-R_3)=0.664$。利用并联系统单值可靠度计算公式可求得，$R_{\mathrm{Hmin}}=\max(R_1,R_2,R_3)=0.4$，$R_{\mathrm{Hmax}}=\sum_{i=1}^{3}R_i=0.4+0.3+0.2=0.9$，则 R_{123}的可靠度置信区间为［0.4，0.9］。若样本量为10，则全系统集成可靠度值由大至小的组合量为：

$$C_{M(1-R_j)}^{-MR_j+M\sum_{i=1}^{n}R_i}C_{MR_j}^{0}=C_6^5C_4^0=6$$

$$C_{M(1-R_j)}^{-MR_j-1+M\sum_{i=1}^{n}R_i}C_{MR_j}^{1}=C_6^4C_4^1=60$$

$$C_{M(1-R_j)}^{-MR_j-2+M\sum_{i=1}^{n}R_i}C_{MR_j}^{2}=C_6^3C_4^2=120$$

$$C_{M(1-R_j)}^{-MR_j-3+M\sum_{i=1}^{n}R_i}C_{MR_j}^{3}=C_6^2C_4^3=60$$

$$C_{M(1-R_j)}^{-MR_j-4+M\sum_{i=1}^{n}R_i}C_{MR_j}^{4}=C_6^1C_4^4=6$$

总的组合量为：

$$C_{M}^{-MR_j+M\sum_{i=1}^{n}R_i}=C_{10}^{5}=252$$

以上各分项的组合量之和亦为 252。

以上近似模型中缺少可靠度 0.4 对应的组合量，根据组合趋势可默认其组合量为0，并以其概率为 0 参与迭代计算。验证方法与验证 3 类同，不再进行展开计算。

B　置信度未知的多个串并联子系统的集成置信度树状拓化求解方法

a　求解方法

另一种方法是基于两个子系统为雏形的树状逐级拓化计算，此方法是一种完全准确的计算方法。当然此方法只能局限于少量子系统构成的串并联系统，否则计算量会过于繁琐。一旦进入专门的计算机程序编制运行，则可实现多个子系统的概率及置信度计算。

无论是串联系统还是并联系统，这种方法是基于两个子系统为雏形进行对应可靠度置信区间的组合量值解析分布概率的第一级计算，然后用可靠度置信区间的每个值视为新的可靠度（附带上一级概率，即第一级概率）与第三个子系统的可靠度重新进行一一组合量值对应概率的第二级计算，以此类推，每一级皆附带本级概率值，与下一个系统进行下一级计算，直至所有系统计算完毕。然后利用全系统区间可靠度对应的所有数值，按照逐级分配与拓展且附带上一级概率分布的概率值进行合并同类项求得相对应的概率数值。

b 实例验证

验证5：假如K系统由代号为A、B、C子系统串联而成，其可靠度 R_A、R_B、R_C 分别为0.9、0.8、0.7。

全系统可靠度置信区间计算：利用传统模型求得 $R_{ABC0}=R_A \times R_B \times R_C=0.9\times0.8\times0.7=0.504$，利用串联系统可靠度计算单值公式可求得 $\min R_{ABC}=0.9+0.8+0.7-2=0.4$，$\max R_{ABC}=\min(0.9,0.8,0.7)=0.7$，则 R_{ABC} 的可靠度置信区间为［0.4，0.7］。

（1）第一级关于AC系统的概率分布计算。若样本量为10，则AC系统的可靠度 $\min R_{AC}=0.9+0.7-1=0.6$，$\max R_{AC}=\min(0.9, 0.7)=0.7$，则 R_{AC} 的可靠度置信区间为（0.6，0.7）。有效样本量逐步以1的步长，利用公式（4-16）计算，可得出可靠度值由小至大（由0.6至0.7）的组合量为：

$$C_{MR_j}^{(MR_j-M)+M\sum_{i=1}^{2}(1-R_i)}C_{M(1-R_j)}^{0}=C_9^3C_1^0=84 \quad \text{（对应可靠度为0.6）}$$

$$C_{MR_j}^{(MR_j-M-1)+M\sum_{i=1}^{2}(1-R_i)}C_{M(1-R_j)}^{1}=C_9^2C_1^1=36 \quad \text{（对应可靠度为0.7）}$$

总的组合量为：

$$C_{M}^{M(1-\max R_i)}=C_{10}^3=120$$

以上各分项的组合量之和为120。

或者采用：

$$C_{MR_j}^{M(1-\max R_i)}C_{M(1-R_j)}^{0}=C_7^1C_3^0=7 \quad \text{（可靠度0.6）}$$

$$C_{MR_j}^{-1+M(1-\max R_i)}C_{M(1-R_j)}^{1}=C_7^0C_3^1=3 \quad \text{（可靠度0.7）}$$

可得到以上各分项组合量之和为120。

即 $\min R_{AC}=0.6$ 时，其对应的概率（第一级）为7/10=0.7；$\max R_{AC}=0.7$ 时，其对应的概率（第一级）为3/10=0.3。

再继续以AC系统的可靠度值分别与B系统进行组合运算，此时AC系统是带有置信度的具有步长的可靠度置信区间数值，且只有0.6、0.7两个数值（设 $R_M=0.6$，$R_N=0.7$）；而 B 系统此时仍是置信度为 1 的可靠度单值 $R_B=0.8$，没有发生变化。

（2）第二级第一步骤关于 AC-B 系统（R_M 与 R_B 串联）的概率分布计算。当 $R_M=0.6$ 时，其置信度为 0.7；若样本量为 10，则 MB 系统的可靠度 $\min R_{MB}=0.8+0.6-1=0.4$，$\max R_{MB}=\min(0.8,0.6)=0.6$，则 R_{MB} 的可靠度置信区间为（0.4，0.6）。有效样本量逐步以 1 的步长，利用公式（4-16）可得出可靠度值由小至大的组合量为：

$$C_{MR_j}^{(MR_j-M)+M\sum_{i=1}^{2}(1-R_i)}C_{M(1-R_j)}^{0}=C_6^2C_4^0=15\quad（对应可靠度数值 0.4）$$

$$C_{MR_j}^{(MR_j-M-1)+M\sum_{i=1}^{2}(1-R_i)}C_{M(1-R_j)}^{1}=C_6^1C_4^1=24\quad（对应可靠度数值 0.5）$$

$$C_{MR_j}^{0}C_{M(1-R_j)}^{(MR_j-M)+M\sum_{i=1}^{2}(1-R_i)}=C_6^0C_4^2=6\quad（对应可靠度数值 0.6）$$

总的组合量为：

$$C_{M}^{(MR_j-M)+M\sum_{i=1}^{2}(1-R_i)}=C_{10}^{2}=45$$

以上可靠度 0.4 单值对应的本级（第二级）发生概率为 15/45 = 1/3；可靠度 0.5 对应的本级（第二级）发生概率为 24/45 = 8/15；可靠度 0.6 对应的本级（第二级）发生概率为 6/45 = 2/15。

（3）第二级第二步骤关于 AC-B 系统（R_N 与 R_B 串联）的概率分布计算。当 $R_N=0.7$ 时，其概率为 0.3；若样本量为 10，则 NB 系统的可靠度 $\min R_{NB}=0.8+0.7-1=0.5$，$\max R_{NB}=\min(0.8,0.7)=0.7$，则 R_{NB} 的可靠度置信区间为（0.5，0.7）。有效样本量逐步以 1 的步长，利用公式（4-16）可得出可靠度值由小至大的组合量为：

$$C_{MR_j}^{(MR_j-M)+M\sum_{i=1}^{2}(1-R_i)}C_{M(1-R_j)}^{0}=C_7^2C_3^0=21\quad（对应可靠度数值 0.5）$$

$$C_{MR_j}^{(MR_j-M-1)+M\sum_{i=1}^{2}(1-R_i)}C_{M(1-R_j)}^{1}=C_7^1C_3^1=21\quad（对应可靠度数值 0.6）$$

$$C_{MR_j}^{0}C_{M(1-R_j)}^{(MR_j-M)+M\sum_{i=1}^{2}(1-R_i)}=C_7^0C_3^2=3\quad（对应可靠度数值 0.7）$$

总的组合量为：

$$C_M^{(MR_j-M)+M\sum_{i=1}^{2}(1-R_i)} = C_{10}^2 = 45$$

以上可靠度 0.5 对应的本级（第二级）发生概率为 21/45=7/15；可靠度 0.6 对应的本级（第二级）发生概率为 21/45=7/15；可靠度 0.7 对应的本级（第二级）发生概率为 3/45=1/15。

（4）全系统总体概率分布与置信度计算。置信度为整体发生的概率拟合之和，因此首先将一级发生概率携载代入（以乘法方式）二级发生概率，然后将二级发生概率的各系统如 MB 系统与 NB 系统分别解析各自对应发生的概率，最后对全系统可靠度置信区间内可靠度值所对应的概率以相同可靠度值为基点进行合并同类项。

以下为准确验证计算，故对概率值保留分数形态。由（1）、（2）、（3）、（4）给出的可靠度 0.4 所对应的发生概率统计 $r_1=0.7\times(1/3)=0.7/3$，0.5 对应的发生概率 $r_2=0.7\times(8/15)+0.3\times(7/15)=7.7/15$，0.6 对应的发生概率 $r_3=0.7\times(2/15)+0.3\times(7/15)=0.7/3$，0.7 对应的发生概率 $r_4=0.3\times(1/15)=0.3/15$。

以上数值即为由 A、B、C 组成的系统对应的可靠度值区间（0.4，0.7）每个单值（步长为 0.1）所对应的发生概率。按照系统的整体性，所有可靠度单值所对应的概率之和一定为 1。如果每个可靠度单值与其发生概率正确，则其概率之和为 1，且每个可靠度单值与其发生概率乘积之和一定等于全概率模型的可靠度值（即传统模型的计算概率）。

经验证，$\gamma_{ABC}=r_1+r_2+r_3+r_4=1$。$0.4r_1+0.5r_2+0.6r_3+0.7r_4=0.504=R_{ABC0}$，表明计算出的 R_{ABC} 可靠度置信区间的发生概率是正确的。因此 A、B、C 组成的系统对应的可靠度数置信区间为（0.4，0.7），每个单值 0.4、0.5、0.6、0.7 所对应的置信度分别为：

$$\gamma_1 = r_1 + r_2 + r_3 + r_4 = 1$$

$$\gamma_2 = r_2 + r_3 + r_4 = 143/150$$

$$\gamma_3 = r_3 + r_4 = 38/150$$

$$\gamma_4 = r_4 = 1/50$$

4.7　非整数样本量的归一化处理及步长解析方法

可靠度的计算方法一般是基于化解为有效样本量值是理想的整数状态，即可靠度值与样本量乘积为整数。但是实际上在通常状态下，其乘积即有效样本量、失效样本量既可以是整数也可以是分数。在其为整数的情况下，可以遵照上述的一切计算方法执行。

在化解的有效样本量与失效样本量为分数的情况下，应进行以下归一化规划处理。此方法作为以后化解为非整数样本量计算的首推方法。

4.7.1　非整数样本量的步长解析

按照式(4-16)~式(4-19)可知，对公式中的总组合量设为 C_M^X，其他组合量设为 C_M^Y，可靠度步长的确定是 $X/(MX$ 整数位)（由此可推算，当 X 为整数时，则步长关系可回归为 $L=1/Q$ 的实际关系）、样本量变化幅度为 $X/(X$ 整数位)。因为可靠度值区间的数值是等差序列，是同步增减的，X 是 C_M^X 趋势变化中的最大数值，直至减少至 0。在实际工程上，有效样本量非 1 即 0，同时对应的失效样本量非 0 即 1。所以，X 在减少（X 的整数次）至最后时尚有小于 1 的余量，从理论上 X 需以 $X/(X$ 整数位)的幅度才能真正减至 0，其步长为 $X/(MX$ 整数位)。

在式(4-16)~式(4-19)中，其他组合量设为 C_M^Y 必须以 $X/(X$ 整数位)的幅度进行规划处理，即 Y、M 必须同时除以 $X/(X$ 整数位)进行归一化处理，其他运算方式不变（其中 X 为子系统中的最小失效样本量）。

4.7.2　非整数样本量归一化处理实例验证

验证 6：假如 K 系统由代号为 A、B 子系统串联而成，其可靠度为 R_A、R_B 分别为 0.75、0.65，现总样本量 M 为 10，利用传统模型求得 $R_{AB}=R_A\times R_B=0.75\times0.65=0.4875$。

利用单值可靠度串联系统计算可求得 $\min R_{AB}=0.75+0.65-1=0.4$，$\max R_{AB}=\min(0.75,\ 0.65)=0.65$，则 R_{AB}的可靠度置信区间为（0.4，0.65）。

$L=X/(X$ 整数位$)=0.125$，R_{AB}的可靠度置信区间数值为（0.4，0.525，0.65）。

规划处理：A 系统的有效样本量 7.5、失效样本量为 2.5，利用样本量变

化幅度 $X/(X$ 整数位$)=2.5/2=1.25$ 进行规划，分别演变为 6、2；B 系统的有效样本量 6.5、失效样本量为 3.5，利用 $2.5/2=1.25$ 进行规划，分别演变为 5.2、2.8；样本量 10、2.5，利用 $2.5/2=1.25$ 进行规划，分别演变为 8、2。由式（4-16）可知：

$$C_{MR_j}^{(MR_j-M)+M\sum_{i=1}^{2}(1-R_i)}C_{M(1-R_j)}^{0}=C_{6.5}^{2.5}C_{3.5}^{0}=C_{5.2}^{2}C_{2.8}^{0}=10.92 \quad \text{（对应可靠度数值 0.4）}$$

$$C_{MR_j}^{(MR_j-M+1)+M\sum_{i=1}^{2}(1-R_i)}C_{M(1-R_j)}^{1}=C_{6.5}^{1.25}C_{3.5}^{1.25}=C_{5.2}^{1}C_{2.8}^{1}=14.56 \quad \text{（对应可靠度数值 0.525）}$$

$$C_{MR_j}^{0}C_{M(1-R_j)}^{(MR_j-M)+M\sum_{i=1}^{2}(1-R_i)}=C_{6.5}^{0}C_{3.5}^{2.5}=C_{5.2}^{0}C_{2.8}^{2}=2.52 \quad \text{（对应可靠度数值 0.65）}$$

总的组合量为：

$$C_{M}^{(MR_j-1)+M\sum_{i=1}^{2}(1-R_i)}=C_{10}^{2.5}=C_{8}^{2}=28 \tag{4-25}$$

由式（4-25）可知：各分项的组合量之和为 28，与总组合量 $C_{M}^{(MR_j-1)+M\sum_{i=1}^{2}(1-R_i)}=28$ 相符。式(4-25)的可靠度值概率为 0.39、0.52、0.09，其概率与可靠度值乘积之和为 0.4875，即 $0.39\times0.4+0.52\times0.525+0.09\times0.65=0.4875$，与传统模型的可靠度值 0.4875 相符。由此验证，此规划处理的方法是正确的。

4.7.3 非整数样本量归一化处理深度分析

需要特别说明的是，此处遇到了一个在数学中似乎从来没有处理过的诸如此类的问题，亦即从非整数中选取整数的组合或者从整数中选取非整数的组合。式(4-25)中包含了两种信息，这两种信息的处理结果从下面的详细分析来看，实际上是完全等效的。

一种是先进行规划处理后化为从非整数中提取整数的组合，这种方法简洁直观，比如验证 6 中的 $C_{6.5}^{2.5}$、$C_{3.5}^{1.25}$ 上下数值同步除以一个数（其中 2.5 与 6.5 分别除以 $2.5/2=1.25$，1.25 与 3.5 亦分别除以 1.25）则化解为 $C_{5.2}^{2}$、$C_{2.8}^{1}$，以此可以遵从数学中组合原有的数学公式 $C_n^m=\dfrac{n!}{(n-m)!\ m!}=n(n-1)(n-2)\cdots(n-m+1)/m!$ 直接进行计算即可，即 $C_{5.2}^{2}=5.2\times(5.2-1)/2$，$C_{2.8}^{1}=2.8$。这种计算是正确的，切不可产生不必要的顾虑。这种规划方法处理快捷便利，可作为首选应用。

为了通过比对来说明问题，我们也需探究分析另外一种方法，即未做规划处理的直接计算方法，亦即验证 6 中式(4-25)所包含小数的组合，其计算结果与第一种方法是等效的。仅以部分组合量来进行验证，如 $C_{10}^{2.5}$、$C_{6.5}^{1.25}C_{3.5}^{1.25}$。2.5/2=1.25 为组合量变化的步长，那么 $n(n-1)(n-2)\cdots(n-m+1)/m!$ 中的 1，2，3，…则表示组合量步长的 1 倍，2 倍，3 倍…。如果以步长作为组合提取基准单元，则验证 6 中 $C_{10}^{2.5}=\dfrac{n!}{(n-m)!\ m!}=n(n-1)(n-2)\cdots(n-m+1)/m!=$ $10\times(10-1.25)/2.5\times1.25=28$，$C_{6.5}^{1.25}C_{3.5}^{1.25}=(6.5/1.25)\times(3.5/1.25)=14.56$。

因此，以上两种方法从机理上而言是存在异曲同工之妙的。

5 可靠性新概论的应用与拓展

5.1 工程上系统非整数样本量的处理

5.1.1 非整数样本量化解的总体处理方法

当系统按照可靠度与样本量正向化解（乘法）后的有效样本量、失效样本量为非整数时，在工程上如何适用是一个不容回避的问题。非整数样本量处理的目的是解决小样本量条件下的可靠度与置信度的精算问题。系统化解后的有效样本量、失效样本量主要在可靠度、概率与置信度解析中应用广泛。

化解后的非整数样本量分为三部分，即有效样本量、失效样本量、不确定样本量。不确定样本量即为有效样本量、失效样本量非整数部分之和，属于游离部分，使用时要么舍弃，要么在工程上分别按照进入有效样本量之列或进入失效样本量之列进行处置。

因为在工程实践中，比如一次抽样的样本量原本就不是很大，所以非整数样本量处理也是很重要的。之所以涉及精算问题，是因为目前在抽样方面方法多种多样，比如常用的就有超几何算法、近似于二项分布函数的算法、近似于泊松分布函数的算法等。前一种算法是非常准确的一种算法，后两种在限定条件下使用也是比较方便快捷的，但是精度较前一种算法还是逊色不少。

当系统化解后的有效样本量、失效样本量为非整数时，在数学理论上有效样本量为分数是存在的，也是有实际意义的。但是在工程应用上，也可以考虑非整数样本量转换为不确定样本量问题，即非整数样本量或转入有效样本量或转入失效样本量来统筹考虑。

按照之前子系统的“与”“或”组合对应关系，不难发现化解后进入求解可靠度及其概率的公式中的有效样本量、失效样本量因子是必然发生的，因此需要对化解后的非整数样本量处置提出相关处理方法。从目前看主要有四种方法，一是对化解后的非整数有效样本量与失效样本量同时进行四舍五入法取整；二是对化解后的非整数有效样本量与失效样本量同时按照非整数部分的精度要求进行四舍五入的保留；三是对化解后的非整数有效样本量与失效样本量同时进行舍弃非整数部分取整法，对于不确定性样本量在工程上分别按照或进入有效样本量之列或进入失效样本量之列对待比较；四是对化解后的非整数有效样本量与失效样本量保留整数（取整数位），完全舍弃不确定性样本量（小数位）的使用。

因为在求解置信度时，数值的临界状态可能会对与生产方风险、使用方风险的比较判断起到至关重要的作用，可能直接影响着能否决定抽样方案的可行性问题，所以精算是必要的。第一种方法在大样本量情况下其影响可能微乎其微，但是在小样本量情况下，可能会对置信度的计算带来较大的影响；而第二、第三种方法对小样本量的置信度计算影响不大；第四种方法主要是基于明确样本量条件下的集成可靠度置信区间的计算使用。

5.1.2　工程上基于明确样本量的可靠度解析规划方法

5.1.2.1　依托明确样本量的串联系统可靠度规划方法

A　基本方法

串联系统所属的子系统的可靠度计算，基于对确定性的总样本量、有效样本量、失效样本量反演回归全样本量下的可靠度值（或有效率、失效率）为：

$$\begin{cases} R_{\text{Fmin}} = R_{1\text{q}} - (N_{2\text{q}} + N_{3\text{q}} + \cdots + N_{n\text{q}}) \\ R_{\text{Fmax}} = \min(R_{1\text{q}}, R_{2\text{q}}, R_{3\text{q}}, \cdots, R_{n\text{q}}) \end{cases} \tag{5-1}$$

即表现为全系统完整样本量条件下的可靠度值区间（其中 $N_{i\text{q}}$ 为第 i 个子系统的确定性样本失效率，$R_{i\text{q}}$ 为第 i 个子系统的确定性样本有效率）$[R_{\text{Fmin}}, R_{\text{Fmax}}]$（其中 R_{Fmin} 最小取为 0）。对于明确样本量化解后的不确定性样本量由于存在可信问题，可考虑暂且舍弃。

当子系统确定性样本量之间不等时（一个为给定的满样本量，一个存在一个不确定样本量，数额差 1），则将确定性样本量多的子系统分为两种情况调整与其他子系统的确定性样本量对等，一种情况是将其有效样本量 1 与另外子系统的不确定样本量 1 对应，另一种情况是将其失效样本量 1 与另外子系统的不确定样本量 1 对应，然后按照上述方法分别计算。除样本量组合不同之外，其他一切算法相同。样本量组合按照两种情况的确定性总量求和，按照两种情况下所对应的不同可靠度值进行合并同类项，计算出其不同的概率，其他步骤相同。

例 5-1：K 系统由代号为 A、B 子系统串联而成，现总样本量 M 为 10，其可靠度 R_A、R_B 分别为 0.7、0.65，$L=X/(X$ 整数位$)=0.1$。

规划处理：A 系统的有效样本量 7，失效样本量为 3；B 系统的有效样本量 6.5，失效样本量为 3.5，有效样本量、失效样本量、非确定性样本量分别为 6、3、1。A、B 系统按照确定样本量的关系解析得出其可靠度为 $R_A=0.7$、$R_B=6/10=0.6$。

第一种情况，确定性样本量 B 系统的（6，3）对应 A 系统的（6，3），其确定性样本量可靠度置信区间为（0.3，0.4，0.5，0.6），则由式（4-16）可知：

$$C_{MR_j}^{(MR_j-M)+M\sum_{i=1}^{2}(1-R_i)}C_{M(1-R_j)}^{0}=C_6^3C_3^0=20 \quad (\text{对应可靠度数值 }0.3)$$

$$C_{MR_j}^{(MR_j-M-1)+M\sum_{i=1}^{2}(1-R_i)}C_{M(1-R_j)}^{1}=C_6^2C_3^1=45 \quad (\text{对应可靠度数值 }0.4)$$

$$C_{MR_j}^{(MR_j-M-2)+M\sum_{i=1}^{2}(1-R_i)}C_{M(1-R_j)}^{2}=C_6^1C_3^2=18 \quad (\text{对应可靠度数值 }0.5)$$

$$C_{MR_j}^{(MR_j-M-3)+M\sum_{i=1}^{2}(1-R_i)}C_{M(1-R_j)}^{3}=C_6^0C_3^3=1 \quad (\text{对应可靠度数值 }0.6)$$

组合量为：

$$C_{M}^{(MR_j-M)+M\sum_{i=1}^{2}(1-R_i)}=C_9^3=84$$

第二种情况，确定性样本量 B 系统的（6，3）对应 A 系统的（7，2），确定性样本量可靠度置信区间为（0.4，0.5，0.6），则由式(4-16)可知：

$$C_{MR_j}^{(MR_j-M)+M\sum_{i=1}^{2}(1-R_i)}C_{M(1-R_j)}^{0}=C_6^2C_3^0=15 \quad (\text{对应可靠度数值 }0.4)$$

$$C_{MR_j}^{(MR_j-M-1)+M\sum_{i=1}^{2}(1-R_i)}C_{M(1-R_j)}^{1}=C_6^1C_3^1=18 \quad (\text{对应可靠度数值 }0.5)$$

$$C_{MR_j}^{(MR_j-M-2)+M\sum_{i=1}^{2}(1-R_i)}C_{M(1-R_j)}^{2}=C_6^0C_3^2=3 \quad (\text{对应可靠度数值 }0.6)$$

组合量为：

$$C_M^{(MR_j-M)+M\sum_{i=1}^{2}(1-R_i)} = C_9^2 = 36$$

由总的组合量之和 $C_{10}^3=120$ 可知，与组合量 84 与 36 之和相等。合并同类项的可靠度值概率（各分量之和与 C_{10}^3 的比值）与确定性置信区间可靠度值乘积之和与传统模型求解的确定性样本量的可靠度值相符，由此验证此规划处理的方法是正确的。可靠度各数值的单值概率或各可靠度值置信度，通过组合量与总组合量之间的比值关系可以进行相关计算。

在工程运用中，假如通过统计法以不同样本量得出各子系统的可靠度值，在提交全系统可靠度值结果时一般用以子系统所属的样本量统计其中最小数值为基准进行归一化处理（按照统计值求得的可靠度值与最小统计样本量按正向化解再行反演）；公式中确定性的总组合量以参与计算的子系统的确定性样本量总量为代入数值，或者在指定给出的其他不同样本量前提下化解求算。

很明显，由于在工程上基于确定性样本量计算求得的基准可靠度值，一定小于等于理论层面计算的基准可靠度值，由于理论上基准可靠度的置信度为 1，所有小于理论基准可靠度的可靠度值其置信度一定为 1，所以化解后存在非确定性样本量的子系统在工程上在求解全系统基准可靠度时该子系统所呈现的置信度恒为 1，是不会发生变化的。

B　实例验证

验证 1：假如 K 系统由代号为 A、B 子系统串联而成，其可靠度 R_A、R_B 分别为 0.75、0.65，求解 10 个样本量条件下的可靠度。

利用传统模型求得 $R_{AB}=R_A\times R_B=0.75\times0.65=0.4875$。

规划处理：按照子系统的最小样本量 10 来化解计算，A 系统的有效样本量 7.5，失效样本量为 2.5，进行取整规划确定性样本量，分别演变为 7 和 2（非确定性样本量为 1）；B 系统的有效样本量 6.5，失效样本量为 3.5，进行取整规划确定性样本量，分别演变为 6 和 3（非确定性样本量为 1）。取整后，反演确定性样本量所对应的全系统可靠度值（对应 10 个样本量）$R_{Aq}=0.7$，$R_{Bq}=0.6$。利用传统模型求得 $R_0=R_{Aq}\times R_{Bq}=0.7\times0.6=0.42$。

利用确定性单值可靠度串联系统计算可求得 $\min R_{AB}=0.6-0.2=0.4$，$\max R_{AB}=\min(0.7,\ 0.6)=0.6$，则 R_{ABq}的可靠度置信区间为（0.4，0.6）。

由式(4-16)可知：

$$C_{MR_j}^{(MR_j-M)+M\sum_{i=1}^{2}(1-R_i)}C_{M(1-R_j)}^{0}=C_6^2C_3^0=15\quad（对应可靠度数值 0.4）$$

$$C_{MR_j}^{(MR_j-M-1)+M\sum_{i=1}^{2}(1-R_i)}C_{M(1-R_j)}^{1}=C_6^1C_3^1=18\quad（对应可靠度数值 0.5）$$

$$C_{M(1-R_j)}^{(MR_j-M-2)+M\sum_{i=1}^{2}(1-R_i)}=C_6^0C_3^2=3\quad（对应可靠度数值 0.6）$$

总的组合量为：

$$C_{M}^{(MR_j-M)+M\sum_{i=1}^{2}(1-R_i)}=C_9^2=36$$

由以上各分项的组合量之和 36 可知，与总组合量相符。0.4、0.5、0.6 的可靠度值概率为 5/12、1/2、1/12，各项可靠度值概率（各分量之和与 C_9^2 的比值）与确定性置信区间可靠度值乘积之和为 0.42，与传统模型求解的确定性样本量的可靠度值相符。由此验证，此规划处理的方法是正确的。

如果串联系统中至少一个子系统存在非确定性样本量，全系统可靠度只能利用式(5-1)计算；如果系统皆为确定性样本量，其全系统可靠度利用式(4-3)与式(5-1)结果相同。

求解结果此系统在 10 个样本量条件下的可靠度置信度为 1，可靠度值为 0.4，记为 $R(1 \mid 10)=0.4$。

验证 2：假如 K 系统由代号为 A、B 子系统串联而成，其中 A 系统是以 11 个样本量统计计算出来的可靠度值，B 系统是以 18 个样本量统计计算出来的可靠度值，其可靠度 R_A、R_B 分别为 0.727、0.834，利用传统模型求得 $R_{AB}=R_A\times R_B=0.727\times0.834=0.606$。

规划处理：按照子系统的最小样本量 11 来化解计算，A 系统的有效样本量 8.03，失效样本量为 2.97，进行取整规划确定性样本量，分别演变为 8 和 3（非确定性样本量为 0，A 系统是以实际数值统计出来的）；B 系统的有效样本量 9.17，失效样本量为 1.83，进行取整规划确定性样本量，分别演变为 9 和 1（非确定性样本量为 1）。取整后，反演确定性样本量所对应的全系统可靠度值 $R_{Aq}=0.727$，$R_{Bq}=9/11=0.818$。利用传统模型求得 $R_0=R_{Aq}\times R_{Bq}=0.818\times0.727=0.595$。

利用确定性单值可靠度串联系统计算可求 $\min R_{ABq}=0.818-0.273=0.545$，$\max R_{AB}=\min(0.727,\ 0.818)=0.727$，则 R_{ABq} 的可靠度置信区间为（0.545，0.727）。由于可靠度步长为 1/11=0.091，因此可靠度值为（0.545，0.636，

0.727)。

第一种情况，确定性样本量（7，3）对应（9，1），则由式(4-16)可知：

$$C_{MR_j}^{(MR_j-M)+M\sum_{i=1}^{2}(1-R_i)}C_{M(1-R_j)}^{0}=C_9^3C_1^0=84\quad（对应可靠度数值0.545）$$

$$C_{MR_j}^{(MR_j-M-1)+M\sum_{i=1}^{2}(1-R_i)}C_{M(1-R_j)}^{1}=C_9^2C_1^1=36\quad（对应可靠度数值0.636）$$

组合量为：

$$C_{M}^{(MR_j-M)+M\sum_{i=1}^{2}(1-R_i)}=C_{10}^{3}=120$$

第二种情况，确定性样本量（8，2）对应（9，1），则由式(4-16)可知：

$$C_{MR_j}^{(MR_j-M)+M\sum_{i=1}^{2}(1-R_i)}C_{M(1-R_j)}^{0}=C_9^2C_1^0=36\quad（对应可靠度数值0.636）$$

$$C_{MR_j}^{(MR_j-M-1)+M\sum_{i=1}^{2}(1-R_i)}C_{M(1-R_j)}^{1}=C_9^1C_1^1=9\quad（对应可靠度数值0.727）$$

组合量为：

$$C_{M}^{(MR_j-M)+M\sum_{i=1}^{2}(1-R_i)}=C_{10}^{2}=45$$

由总的组合量之和165可知，与组合量120与45之和相等。合并同类项的可靠度值概率与确定性可靠度值乘积之和与传统模型求解的确定性样本量的可靠度值相符。由此验证，此规划处理的方法是正确的。

求解结果此系统在11个样本量条件下的可靠度置信度为1，可靠度值为0.545，记为$R(1\mid 11)=0.545$。

5.1.2.2　依托明确样本量的并联系统可靠度规划方法

同样，并联系统的确定性样本量可靠度求解得出：

$$\begin{cases}R_{\mathrm{Fmin}}=\max(R_{1\mathrm{q}},R_{2\mathrm{q}},R_{3\mathrm{q}},\cdots,R_{n\mathrm{q}})\\R_{\mathrm{Fmax}}=R_{1\mathrm{q}}+R_{2\mathrm{q}}+R_{3\mathrm{q}}+\cdots+R_{n\mathrm{q}}\end{cases}\tag{5-2}$$

即表现为全系统完整样本量条件下的可靠度值区间（其中$N_{i\mathrm{q}}$为第i个子系统的确定性样本失效率，$R_{i\mathrm{q}}$为第i个子系统的确定性样本有效率）$[R_{\mathrm{Fmin}},R_{\mathrm{Fmax}}]$（其中$R_{\mathrm{Fmax}}$最大取为1）。

其他所有计算与串联系统的确定性样本量计算类同，可靠度置信区间的求解计算道理相同。

5.1.3 无明确样本量与明确样本量的可靠度求解区别

由式(5-1)可知，按照式(4-3)的方法处理后得到的可靠度理论区间数值（R_{Fmin}，R_{Fmax}），其最小可靠度值 R_{Fmin} 是基于全部样本量的理论求解数值，其理论置信度为1。在串联系统中，如果没有指定的明确样本量，则按照式(4-3)进行；如果有指定的明确样本量参与计算，则化解后的明确样本量基于总体样本量空间中的有效率与失效率参与式(5-1)计算即可；同样在并联中，只需无指定样本量条件下的有效率（或指定明确样本量条件下的有效率）、失效率（或指定明确样本量条件下的失效率）直接参与式(4-6)计算即可。

5.2 工程上独立批次一次抽样方法的建立与应用

5.2.1 一次抽样检验中风险率等效方法分析

如图3-6所示，抽样特性曲线所表达的是产品不合格率与使用方风险、生产方风险之间的对应关系。α 为在产品达到接收标准情况下对生产方而言可能存在的拒收概率，亦即生产方风险；β 为在产品拒收情况下对使用方而言可能存在的接收概率，亦即使用方风险。α 对应的是在小于一定不合格率（此不合格率数值相对较小，此时反向对应的是合格率较高）情况下的拒收概率，β 对应的是在大于一定不合格率（此不合格率数值相对比较大，此时相对应的是合格率较小）情况下的接收概率。

而一般一次性抽样检验的案例给出的参数特征是产品批量数为 N 次，可靠度目标值为 R_1，最低可接受度 R_0（置信度为 γ_0），生产方风险 α，使用方风险 β（亦可不再设定）。由此可见，R_1 对应的是 P_0，R_0 对应的是 P_1。此时 R_1 的置信度 γ_1，R_0 对应的是置信度为 γ_0。

由图5-1可知，产品不合格率 $P \leqslant P_0$ 时，$L(P)=1$，此时 R_1 对应的是 P_0，当 $R \geqslant R_1$ 时，则有 $\gamma_1=1$。亦即进行百分之百全数检验（可以视为一种特例抽检）时，接收概率为1。因此当 $R \geqslant R_1$ 时，抽检前其初始置信度为1。

以下进行可靠度 R 与不合格率 P 相对于接收概率、拒收概率、双方风险的关系转换，如图5-2所示，其中 $L(P)=L(R)$，$L(P_1)=L(R_0)$，$L(P_0)=L(R_1)$，$R_1=1-P_0$，$R_0=1-P_1$。

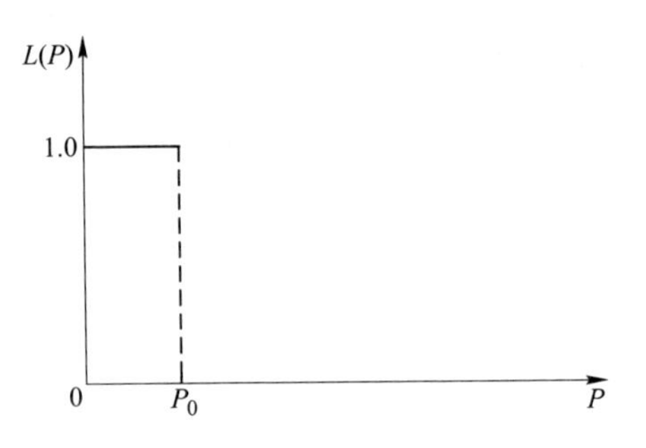

图 5-1　理想的抽检特性曲线

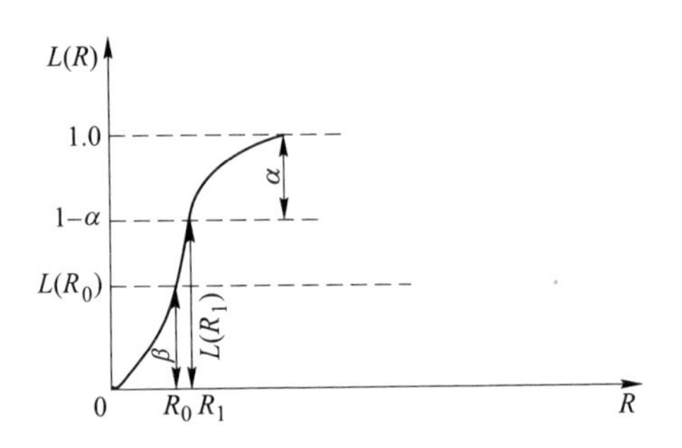

图 5-2　可靠度与风险率关系

由 N、R_1 得出高合格率情况（对应 P_0，可接收质量水平）下所对应的有效条次、无效条次，由 N、R_0 得出低合格率情况（对应 P_1，不合格质量水平）下所对应的有效条次、无效条次，由 $\frac{x-1}{x} \geqslant R_0$（暂定失效 1 条次，也可以设定失败 2，3，4，…）得出不小于 x 的整数抽样条次。建立置信空间，以超几何分布的精算方法，用 x 条次（或不小于 x 的整数条次）分别针对可接收质量水平、不合格质量水平情况进行组合抽样计算（计算方法在之后进行介绍）得出无效条次为 0，或 0~1，或 0~2，…，或 0~y($y<x$) 情况下的 γ_{1i}、γ_{0i}(i=0，1，2…，y)，则 $\alpha_i = 1-\gamma_{1i}$；$\beta_i = \gamma_{0i}(1-\gamma_0)$（$\beta_i$ 为临近最低可接受度条件下在拒收时产生的不该拥有的接收概率风险）。然后与合同双方规定的生产方风险 α、使用方风险 β 进行比较，以确定方案的可行性。当 $\alpha_i \leqslant \alpha$ 且 $\beta \leqslant \beta_i$ 时，方可证明抽检方案是合理可行的。

由于可靠度目标值与最低可接受度值之间没有达成必然的直接联系。在抽样检验中这两个值如果结合了规划的样本总量来分析，只是分别对可靠度目标值与最低可接受值处不可靠度的接收概率产生直接的影响。因此，在最低可接受度值处，对于给定的 $1-\gamma_0$，则有 $1-\gamma_0=\beta_0$，即相当于抽样检验中的使用方风险。之所以可以不用对使用方风险再行设定数值，因为 $1-\gamma_0=\beta_0$ 可以作为指标标准来评判。$1-\gamma_0$ 是初始值，通过不同的小子样抽样后在可靠度最低可接收值处的接收概率会各不相同，无论如何变化，该接收概率会针对初始 $1-\gamma_0$ 产生新的 β_i（相对于 $1-\gamma_0$ 的分布值）概率分布，由于概率值不大于1，所以 $\beta_i=\beta_0\gamma_i$，$\beta_i<\beta_0$ 是恒定的（所以说可以不必再设定 β 指标值）。但因样本量不同所产生可靠度最低可接收值处的接收概率会各不相同，也可以规划比 β_0 更严格的 β 值指标以进行比较评判会更加合理。

5.2.2 工程上独立批次一次抽样规划方法一

5.2.2.1 独立批次不确定性样本量舍弃法实例计算

例 5-2：假如某批次某型水雷生产 N 为 75 条次。其可靠度目标值 R_1 为 0.91，最低可接受度 R_0 为 0.8（置信度 γ_0 为 0.8），双方风险即生产方风险 $\alpha=0.20$、使用方风险 $\beta=0.18$（亦可不再设定，以置信度 0.8 对应的 0.2 作为使用方风险），求解可行性抽样方案。

规划处理方法：

计数标准型一次抽样方案，通常用（n，c）表示，n 为抽取样本量，c 为接收判定数。对批量为 N 的一批产品，规定所检验的抽样样本中允许有不合格数为 c。原有抽样规定的可靠度为 0.91、0.8 的初始置信度分别为 1、0.8。

按照样本量 75 条次、可靠度 0.91，计算出本批次的有效样本量 68.25，失效样本量为 6.75，取整规划后，有效样本量、失效样本量、不确定样本量分别演变为 68、6、1；取整规划后，有效样本量、失效样本量、不确定样本量分别演变为 60、15、0。

由于 60、15、0 是按照置信度为 1 的条件得出的结果，鉴于可靠度为 0.8 的情况下其置信度为 0.8，则由 60、15、0 建立的抽样置信空间 80%数值是值得信赖的，同样对解析的接收概率产生同样的影响效果。而由 68、6、1 其可靠度目标值置信度为 1，因此建立的抽样置信空间及接收概率不会发生变化。

此方法主要是因无法确定不确定样本量 1 的趋向，所以不确定样本量暂考虑不参与计算。

拒收风险是拒收概率 $\alpha_i = 1-\gamma_{1i}$ 与生产方风险 α 比较，小于等于为合格，大于为不合格。接收风险是不合格接收概率 $\beta_i = \gamma_{0i}(1-\gamma_0)$ 与使用方风险 β 比较，小于等于为合格，大于则为不合格。同时满足以上两个条件，即抽检方案是可行的。

由以上 $\frac{x-1}{x} \geqslant R_0$ 可知，$\frac{x-1}{x} \geqslant 0.8$，求出 $x \geqslant 5$。

（1）建立基于可靠度目标值下的抽样置信空间，亦即按照 68、失效样本量 6 中暂定选择抽取 5 条次，（n，c）的不同组合对应的组合量为：

$$(5,0) \to C_{68}^{5}C_{6}^{0} = 10424128 \to (\text{对应可靠度数值 } 1)$$

$$(5,1) \to C_{68}^{4}C_{6}^{1} = 4886310 \to (\text{对应可靠度数值 } 0.8)$$

$$(5,2) \to C_{68}^{3}C_{6}^{2} = 751740 \to (\text{对应可靠度数值 } 0.6)$$

$$(5,3) \to C_{68}^{2}C_{6}^{3} = 45560 \to (\text{对应可靠度数值 } 0.4)$$

$$(5,4) \to C_{68}^{1}C_{6}^{4} = 1020 \to (\text{对应可靠度数值 } 0.2)$$

$$(5,5) \to C_{68}^{0}C_{6}^{5} = 6 \to (\text{对应可靠度数值 } 0)$$

总的组合量（与上述组合分量之和相等）为：

$$C_{74}^{5} = 16108764$$

由于总的组合量是基于 75 条次抽取的，所以总的组合量可修改为：

$$C_{75}^{5} = 17259390$$

（2）建立基于可靠度最低可接受值下的抽样置信空间，亦即按照有效样本量 60、失效样本量 15 中暂定选择抽取 5 次，（n，c）的不同组合对应的组合量为：

$$(5,0) \to C_{60}^{5}C_{15}^{0} = 5461512 \to (\text{对应可靠度数值 } 1)$$

$$(5,1) \to C_{60}^{4}C_{15}^{1} = 7314525 \to (\text{对应可靠度数值 } 0.8)$$

$$(5,2) \to C_{60}^{3}C_{15}^{2} = 3593100 \to (\text{对应可靠度数值 } 0.6)$$

$$(5,3) \to C_{60}^{2}C_{15}^{3} = 805350 \to (\text{对应可靠度数值 } 0.4)$$

$$(5,4) \to C_{60}^{1}C_{15}^{4} = 81900 \to (\text{对应可靠度数值 } 0.2)$$

$$(5,5) \to C_{60}^{0}C_{15}^{5} = 3003 \to (\text{对应可靠度数值 } 0)$$

总的组合量（与上述组合分量之和相等）为：

$$C_{75}^{5} = 17259390$$

由（1）、（2）分析可知，由于（5，2）、（5，3）、（5，4）、（5，5）所

对应的可靠度小于最低可接受度 0.8，诸如此类的抽样肯定是不符合要求的。目前只有（5，0）、（5，1）方案具备候选资格，但具体是否可行还需要通过解析计算结果来判定。

（5，1）综合所对应的可靠度值 0.91 的抽样可接收概率为 $\gamma_1=\frac{C_{68}^5C_6^0+C_{68}^4C_6^1}{C_{75}^5}=0.89$，同时（5，1）综合所对应的可靠度值 0.8 的抽样可接收概率为 $\gamma_2=\frac{C_{60}^5C_{15}^0+C_{60}^4C_{15}^1}{C_{75}^5}=0.74$（$\gamma_1$ 的数值在计算时是以置信度为 1 的度量标准体系中）。由于可靠度值 0.8 的置信度为 0.8，因此 $\gamma_{20}=\frac{(1-0.8)(C_{60}^5C_{15}^0+C_{60}^4C_{15}^1)}{C_{75}^5}=0.148$。通过 $\alpha_i=1-\gamma_{1i}$、$\beta_i=(1-\gamma_0)\gamma_2$ 换算，经与 $\alpha=0.20$、$\beta=0.18$ 比较可知是能够满足抽样规定的条件的。

（5，0）综合所对应的可靠度值 0.91 的抽样可接收概率为 $\gamma_1=\frac{C_{68}^5C_6^0}{C_{75}^5}=0.6$，同时（5，0）综合所对应的可靠度值 0.8 的抽样可接收概率为 $\gamma_2=\frac{C_{60}^5C_{15}^0}{C_{75}^5}=0.316$（$\gamma_1$ 的数值在计算时是以置信度为 1 的度量标准体系中）。由于可靠度值 0.8 的置信度为 0.8，因此 $\gamma_{20}=\frac{(1-0.8)(C_{60}^5C_{15}^0)}{C_{75}^5}=0.06$。通过 $\alpha_i=1-\gamma_{1i}$、$\beta_i=(1-\gamma_0)\gamma_2$ 换算，并经与 $\alpha=0.20$、$\beta=0.18$ 比较可知，β_i 符合指标而 α_i 却超出规定值，因此也不满足要求。除非使用方愿意冒着 40%的拒收风险，这种方案不但代价太大而且具有较大可能因方案设计不合理而完不成抽检任务。其实，这是使用方与生产方都不愿意看到的结果。

由以上可知，选择（5，1）抽样方案可满足预先规定的抽样检验要求。

5.2.2.2　工程上独立批次一次抽样不确定性样本量舍弃法归纳

假如某批次某型鱼雷生产为 N 条次，其可靠度目标值为 R_1，最低可接受度为 R_0，置信度为 γ_0，双方风险即生产方风险为 α、使用方风险为 β。

按照样本量 N 条次、可靠度 R_1，计算出本批次的有效样本量、失效样本量，取整规划后，有效样本量、失效样本量、不确定样本量分别演变为 N_1、N_2、N_0；按照样本量 N 条次、可靠度 R_0，计算出本批次的有效样本量、失效样本量，取整规划后，有效样本量、失效样本量、不确定样本量分别演变为 N_{11}、N_{22}、N_{00}。按照可靠度最低可接受度限度 R_0，计算允许失败 1 条次、2 条次、3 条次等所需要的抽样样本量为 x。本案实例中仅选择允许失败 1 条次为计算例证，则 $\frac{x-1}{x} \geqslant R_0$，计算求得 $x \geqslant \frac{1}{1-R_0}$。

原有抽样规定的置信度为 γ_0 的可靠度为 R_0、目标值为 R_1，计数标准型一次抽样方案，通常用（n，c）表示，n 为抽取样本量，c 为接收判定数。对批量为 N 的一批产品，规定所检验的抽样样本中允许有不合格数为 c。

（1）按照 R_1 化解后有效样本量 N_1、失效样本量 N_2 中暂定选择抽取 x 条次（可视情选取 $\geqslant x$ 的数值），（n，c）的不同组合对应的组合量（对应的可靠度步长 L 为 $\frac{1}{x}$）为：

$$
\begin{aligned}
&(x,0) \to C_{N_1}^{x} C_{N_2}^{0} \to (\text{对应可靠度数值 } 1)\\
&(x,1) \to C_{N_1}^{x-1} C_{N_2}^{1} \to (\text{对应可靠度数值 } 1-L)\\
&(x,2) \to C_{N_1}^{x-2} C_{N_2}^{2} \to (\text{对应可靠度数值 } 1-2L)\\
&\qquad\vdots\\
&(x,x) \to C_{N_1}^{x-x} C_{N_2}^{x} \to (\text{对应可靠度数值 } 1-xL)
\end{aligned}
\tag{5-3}
$$

总的组合量：C_N^x

（2）按照 R_0 化解后有效样本量 N_{11}、失效样本量 N_{22} 中暂定选择抽取 x 条次（可视情选取 $\geqslant x$ 的数值），（n，c）的不同组合对应的组合量（对应的可靠度步长 L 为 $\frac{1}{x}$）为：

$$
\begin{aligned}
&(x,0) \to C_{N_{11}}^{x} C_{N_{22}}^{0} \to (\text{对应可靠度数值 } 1)\\
&(x,1) \to C_{N_{11}}^{x-1} C_{N_{22}}^{1} \to (\text{对应可靠度数值 } 1-L)\\
&(x,2) \to C_{N_{11}}^{x-2} C_{N_{22}}^{2} \to (\text{对应可靠度数值 } 1-2L)\\
&\qquad\vdots\\
&(x,x) \to C_{N_{11}}^{x-x} C_{N_{22}}^{x} \to (\text{对应可靠度数值 } 1-xL)
\end{aligned}
\tag{5-4}
$$

总的组合量：C_N^x

一般抽取的小样本量 x 只比较两种情况，即第一种情况失败 1 条次与 0 条次时以及第二种情况失败 0 条次时双方风险是否满足要求。此时，其最低可

接受度应满足 $x \geqslant R_0$。

第一种情况（x，0）、（x，1）所对应的可靠度值 R_1、R_0 的抽样置信度为 $\gamma_1=\dfrac{C_{N_1}^{x}C_{N_2}^{0}+C_{N_1}^{x-1}C_{N_2}^{1}}{C_{N_1}^{x}}$、$\gamma_{00}=\dfrac{C_{N_{11}}^{x}C_{N_{22}}^{0}+C_{N_{11}}^{x-1}C_{N_{22}}^{1}}{C_{N}^{x}}$。因为抽样是建立在可靠度最低可接受度置信度 γ_0 基础上的，所以 $\alpha_1=1-\gamma_1$，$\beta_1=\gamma_{00}(1-\gamma_0)$。与 α、β 比较能否满足抽样规定的条件。

第二种情况（x，0），与上述相同方法重新计算，与 α、β 比较能否满足抽样规定的条件。

假如上述有一种情况满足要求，即可确定抽样方案；如果上述两种情况皆满足要求，由双方协商确定；假如上述两种情况皆不满足要求，继续增加抽取的 x 样本量数值，直至满足要求为止。

5.2.3　工程上独立批次一次抽样规划方法二

该方法为独立批次不确定样本量纳入法。

假如某批次某型鱼雷生产为 N 条次，其可靠度目标值为 R_1，最低可接受度为 R_0，置信度为 γ_0，双方风险即生产方风险为 α、使用方风险为 β。

原有抽样规定的置信度为 γ_0 的可靠度为 R_0、目标值为 R_1 时，计数标准型一次抽样方案，通常用（n，c）表示，n 为抽取样本量，c 为接收判定数。对批量为 N 的一批产品，规定所检验的抽样样本中允许有不合格数为 c。

按照样本量 N 条次、可靠度 $R_1(R_0)$，计算出本批次的有效样本量、失效样本量，取整规划后，有效样本量、失效样本量、不确定样本量分别演变为 $N_1(N_{11})$、$N_2(N_{22})$、$N_0(N_{00})$。实际上由于样本量为整数，按照 $N_0(N_{00})$ 分别并进 $N_1(N_{11})$ 或 $N_2(N_{22})$ 的可能性风险计算其抽样置信度并与目标置信度比较即可。

按照可靠度最低可接受度限度 R_0，计算允许失败 1 条次、2 条次、3 条次等所需要的抽样样本量为 x（可视情选取不小于 x 的数值）。本案实例中仅选择允许失败 1 条次为计算例证，则 $\dfrac{x-1}{x} \geqslant R_0$，计算求得 $x \geqslant \dfrac{1}{1-R_0}$。

按照化解后有效样本量 $N_1(N_{11})$、失效样本量 $N_2(N_{22})$、不确定样本量 $N_0(N_{00})$ 中暂定选择抽取 x 条次（n，c）的不同组合对应的组合量（对应的可靠度步长 L 为 $\dfrac{1}{x}$）分别为：

（1）第一类别在 R_1 条件下（N_0 纳入 N_1）：

$$
\begin{aligned}
&(x,0) \to C^{x}_{(N_1+N_0)} C^{0}_{N_2} \to (\text{对应可靠度数值 } 1) \\
&(x,1) \to C^{x-1}_{(N_1+N_0)} C^{1}_{N_2} \to (\text{对应可靠度数值 } 1-L) \\
&(x,2) \to C^{x-2}_{(N_1+N_0)} C^{2}_{N_2} \to (\text{对应可靠度数值 } 1-2L) \\
&\qquad\vdots \\
&(x,x) \to C^{x-x}_{(N_1+N_0)} C^{x}_{N_2} \to (\text{对应可靠度数值 } 1-xL)
\end{aligned}
\tag{5-5}
$$

总的组合量：C^{x}_{N}

上述组合分量之和与总量相等。一般抽取小样本量 x 只比较两种情况，即第一种情况失败 1 条次与 0 条次时以及第二种情况失败 0 条次时双方风险是否满足要求。此时，其最低可接受度 $x \geqslant R_0$。

原有抽样规定的置信度为 γ_0 的可靠度为 R_0 时，计数标准型一次抽样方案，通常用（n，c）表示，n 为抽取样本量，c 为接收判定数。对批量为 N 的一批产品，规定所检验的抽样样本中允许有不合格数为 c。按照工程缩比后有效样本量 N_{11}、失效样本量 N_{22}、不确定样本量 N_{00} 中暂定选择抽取 x 条次（可视情选取 $\geqslant x$ 的数值），（n，c）的不同组合对应的组合量［对应的可靠度步长 L 为 $\dfrac{1}{x}$，同时第一类别在 R_0 条件下（N_{00} 纳入 N_{11}）］分别为：

$$
\begin{aligned}
&(x,0) \to C^{x}_{(N_{11}+N_0)} C^{0}_{N_{22}} \to (\text{对应可靠度数值 } 1) \\
&(x,1) \to C^{x-1}_{(N_{11}+N_0)} C^{1}_{N_{22}} \to (\text{对应可靠度数值 } 1-L) \\
&(x,2) \to C^{x-2}_{(N_{11}+N_0)} C^{2}_{N_{22}} \to (\text{对应可靠度数值 } 1-2L) \\
&\qquad\vdots \\
&(x,x) \to C^{x-x}_{(N_{11}+N_{00})} C^{x}_{N_{22}} \to (\text{对应可靠度数值 } 1-xL)
\end{aligned}
\tag{5-6}
$$

总的组合量：$C^{x}_{(N_{11}+N_{22}+N_{00})}$

上述组合分量之和与总量相等。一般抽取小样本量 x 只比较两种情况，即第一种情况失败 1 条次与 0 条次时以及第二种情况失败 0 条次时双方风险是否满足要求。此时，其最低可接受度应满足 $x \geqslant R_0$。

第一种情况（x，0）、（x，1）所对应的可靠度值 R_1 的抽样置信度为 $\gamma_1 = \dfrac{C^x_{(N_1+N_0)}C^0_{N_2} + C^{x-1}_{(N_1+N_0)}C^1_{N_2}}{C^x_{(N_1+N_2+N_0)}}$、$\gamma_{00} = \dfrac{C^x_{(N_{11}+N_{00})}C^0_{N_{22}} + C^{x-1}_{(N_{11}+N_{00})}C^1_{N_{22}}}{C^x_{(N_{11}+N_{22}+N_{00})}}$。$\alpha_1 = 1-\gamma_1$，$\beta_1 = \gamma_{00}(1-\gamma_0)$，与 α、β 比较能否满足抽样规定的条件。

第二种情况（x，0），与上述相同方法重新计算 α_1、β_1 的结果，并与 α、β 比较能否满足抽样规定的条件。

（2）第二类别在 R_1 条件下（N_0 纳入 N_2）：

$$
\begin{aligned}
&(x,0) \rightarrow C^x_{N_1}C^0_{(N_2+N_0)} \rightarrow (\text{对应可靠度数值 } 1)\\
&(x,1) \rightarrow C^{x-1}_{N_1}C^1_{(N_2+N_0)} \rightarrow (\text{对应可靠度数值 } 1-L)\\
&(x,2) \rightarrow C^{x-2}_{N_1}C^2_{(N_2+N_0)} \rightarrow (\text{对应可靠度数值 } 1-2L)\\
&\qquad\vdots\\
&(x,x) \rightarrow C^{x-x}_{N_1}C^x_{(N_2+N_0)} \rightarrow (\text{对应可靠度数值 } 1-xL)
\end{aligned}
\tag{5-7}
$$

总的组合量：$C^x_{(N_1+N_2+N_0)}$

上述组合分量之和与总量相等。一般抽取小样本量 x 只比较两种情况，即第一种情况失败 1 条次与 0 条次时以及第二种情况失败 0 条次时双方风险是否满足要求。此时，其最低可接受度 $x \geqslant R_0$。

同时，第二类别在 R_0 条件下（N_{00}纳入 N_{22}）：

$$
\begin{aligned}
&(x,0) \rightarrow C^x_{N_{11}}C^0_{(N_{22}+N_{00})} \rightarrow (\text{对应可靠度数值 } 1)\\
&(x,1) \rightarrow C^{x-1}_{N_{11}}C^1_{(N_{22}+N_{00})} \rightarrow (\text{对应可靠度数值 } 1-L)\\
&(x,2) \rightarrow C^{x-2}_{N_{11}}C^2_{(N_{22}+N_{00})} \rightarrow (\text{对应可靠度数值 } 1-2L)\\
&\qquad\vdots\\
&(x,x) \rightarrow C^{x-x}_{N_{11}}C^x_{(N_{22}+N_{00})} \rightarrow (\text{对应可靠度数值 } 1-xL)
\end{aligned}
\tag{5-8}
$$

总的组合量：$C^x_{(N_{11}+N_{22}+N_{00})}$

上述组合分量之和与总量相等。一般抽取小样本量 x 只比较两种情况，即第一种情况失败 1 条次与 0 条次时以及第二种情况失败 0 条次时双方风险是否满足要求。此时，其最低可接受度 $x \geqslant R_0$。

第一种情况（x，0）、（x，1）所对应的可靠度值 R_1、R_0 的抽样置信度为：

$$\gamma_1 = \frac{C_{N_1}^{x} C_{(N_2+N_0)}^{0} + C_{N_1}^{x-1} C_{(N_2+N_0)}^{1}}{C_{(N_1+N_2+N_0)}^{x}}$$

$$\gamma_{00} = \frac{C_{N_{11}}^{x} C_{(N_{22}+N_{00})}^{0} + C_{N_{11}}^{x-1} C_{(N_{22}+N_{00})}^{1}}{C_{(N_{11}+N_{22}+N_{00})}^{x}}$$

$\alpha_1=1-\gamma_1$，$\beta_1=\gamma_{00}(1-\gamma_0)$，与 α、β 比较能否满足抽样规定的条件。

第二种情况（x，0），与如上述类同的方法重新计算 α_1、β_1 的结果，与 α、β 比较能否满足抽样规定的条件。

综合分析可知，为保证双方风险的计算准确度，可对生产方拒收风险与接收方接收风险分析。为最大可能性排除双方风险，可知拒收概率 $1-\gamma_{11}$应求出最大可能性，亦即 γ_{11}为最小可能性。可靠度处于最小可接受度时，此时接收概率 γ_{00}应求出最大可能性。

按照第一类别与第二类别比较确定生产方与使用方的最大风险，基于最大风险情况下，假如上述第一、第二种情况中（第一、第二情况的 $\alpha_1=1-\gamma_1$，$\beta_1=\gamma_{00}(1-\gamma_0)$，可彼此再交叉组合一次进行比较）有一种情况满足要求，即可确定抽样方案；如果上述两种情况皆满足要求，由双方协商确定；假如上述两种情况皆不满足要求，继续增加抽取的 x 样本量数值，直至满足要求为止。

5.2.4 工程上独立批次一次抽样规划方法三

该方法为独立批次不确定样本量直接输入求解法。

原有抽样规定的置信度为 γ_0 的可靠度为 $R_1(R_0)$ 时，计数标准型一次抽样方案，通常用（n，c）表示，n 为抽取样本量，c 为接收判定数。对批量为 N 的一批产品，规定所检验的抽样样本中允许有不合格数为 c。按照样本量 N 条次、可靠度 $R_1(R_0)$，直接计算出本批次的有效样本量、失效样本量。

在有效样本量、失效样本量为非整数的情况下，按照 5.1 节提出的第一种方法进行非整数样本量四舍五入取整，可直接参与置信度的求解计算；或者按照 5.1 节提出的第二种方法以一定精度进行非整数样本量小数位四舍五入法保留，同时依照 4.6.2 节中明确的化解方法，可直接参与置信度的求解计算，方法与 5.2.2 节、5.2.3 节类同。

5.2.5 超几何分布的简化计算方法

超几何分布计算方法是一种准确的计算方法，鉴于样本量较大时计算量较大，除通过计算机编程来实现作业外，还可采用一种超几何分布算法的简化方法。经文献［26，27］提出，这种方法就是采用对数法，主要利用常用对数函数曲线随着随机变量增大而趋近于直线性质。因此位于直线段上所选取的对数点值之间形成一个近似的等差数列，利用等差数列求和进行化简。

经文献［26，27］验证其精度较高，可达到千分位级，满足超几何分布精算的要求，且随着样本量的增加其精度会更高。具体如下：

若 $P_d = C_D^d C_{N-D}^{n-d} / C_N^n = C_D^d[n!/(n-d)](N-D)(N-D-1)\cdots[(N-D)-(n-d)+1]/[N(N-1)\cdots(N-n-d+1)]$，取对数后可得：

$$\lg P_d = \lg[n!\,C_D^d/(n-d)!] + [(n-d)/2][\lg(N-D) + \lg(N-D-n+d+1)] - (n/2)[\lg N + \lg(N-n+1)] \tag{5-9}$$

式中 D——批不合格品；

N——批产品量；

n——抽样样本；

d——抽取样本中的不合格品。

对 $\lg P_d$ 求反对数，即可得到 P_d 的计算结果。

5.3 可靠度与置信度等分配法的应用

5.3.1 串联系统等分配法

由新概论可知，串联系统的可靠度为 $R_0 = \sum_{i=1}^{n} R_i - (n-1) = 1 - \sum_{i=1}^{n}(1-R_i)$，由于采用等分配法进行可靠性指标的预估或分配，则可求解得出：

$$R_i = (R_0 + n - 1)/n \tag{5-10}$$

当然，串联系统基于一定明确样本量条件下求解出的可靠度置信区间内的其他可靠度携带置信度也可以参与等分配方法计算。

虽然系统的可靠度参与等分配方法解析，但是系统携带的并联置信度按照串联系统的置信度求解公式进行逆运算可一并参与等分配方法解析。

5.3.2　并联系统等分配法

由新概论可知，串联系统的可靠度为 $R_0=\max(R_1,R_2,\cdots,R_n)$，由于采用等分配法进行可靠性指标的预估或分配，则可求解得各系统的可靠度为：

$$R_i = R_0 \tag{5-11}$$

当然，并联系统基于一定明确样本量条件下求解出的可靠度置信区间内的其他可靠度携带置信度也可以参与等分配方法计算。

虽然系统的可靠度参与等分配方法解析，但是系统携带的并联置信度按照并联系统的置信度求解公式进行逆运算可一并参与等分配方法解析。

5.4　系统效能评估方法

WSEIAC 模型也称为 ADC 模型，是美国工业界武器系统效能咨询委员会（WSEIAC）建立的目前常用的武器系统效能评估。

ADC 模型主要通过系统可用性（A）、可信性（D）与能力（C）三个关键属性以判定系统效能（E），其各个属性可以概率进行表达。

系统完成特定任务的概率是系统效能评定最重要的指标，对大多数武器系统而言，系统效能一般皆指该系统完成特定任务的概率，即 E 是单一数值。

$$\boldsymbol{E}=\boldsymbol{ADC}=[a_1,a_2,\cdots,a_n]\begin{bmatrix} d_{11} & d_{12} & \cdots & d_{1n} \\ d_{21} & d_{22} & \cdots & d_{2n} \\ \vdots & \vdots & & \vdots \\ d_{n1} & d_{n2} & \cdots & d_{nn} \end{bmatrix}\begin{bmatrix} c_1 \\ c_2 \\ \vdots \\ c_3 \end{bmatrix} \tag{5-12}$$

式中　$\boldsymbol{A}$——可用性行向量，表示任务开始时武器系统可能状态，是系统可随时随地启用的性能；

$\boldsymbol{D}$——可信性矩阵，表示执行任务过程中，武器系统具备规定性能或完成规定任务的状态，是系统正常运转的性能；

$\boldsymbol{C}$——能力列向量，表示武器系统各种状态下完成作战任务的能力，是系统完成规定作战任务的性能。

与此同时，在大多数情况下，可以通过一定方法，将 A、D、C 分别综合成单一的概率指标，经计算即可获得 E 的单一概率指标：

$$P_E = P_A P_D P_C \tag{5-13}$$

其中，P_E、P_A、P_D、P_C分别对应系统完成战斗任务 E、系统可使用 A、系统正常运转 D、系统功能与效能发挥 C 的各个事件，且代表着以上事所发生的概率。

因此 ADC 模型中的 A、D、C，其相互逻辑关系不变，是乘法关系，是表达不同要素之间的概率分解关系（或集成关系）。但当 A、D、C（或 P_A、P_D、P_C）表现为概率时，其下属同一层级之间的关系若表现为串联关系或并联关系或串并联关系，因此在集成 A、D、C（或 P_A、P_D、P_C）计算时，应按照新概论给出的串并联可靠性模型的逻辑思路予以解析，更适合于精确评估，在此不再列举。

5.5 可靠性算例解析

例 5-3：假如某串联性质的装备系统下的 A、B、C 系统的可靠度分别为 0.85、0.95、0.9，则其常规可靠度 $R_s = 0.85 \times 0.95 \times 0.9 = 0.727$。在没有指明样本量的情况下，式(4-3)计算的最可信的基准可靠度 $R_0 = 0.85 + 0.95 + 0.9 - 2 = 0.7$，则记为 $R_0(1 \mid N) = 0.7$，即在置信度为 1、无明确样本量 N 条件下的可靠度值为 0.7。

例 5-4：假如某装备系统的 1、2、3 为互补的并联系统，其可靠度分别为 0.85、0.95、0.9，则其常规可靠度 $R_s = 1 - (1 - 0.85) \times (1 - 0.95) \times (1 - 0.9) = 0.999$，式(4-6)计算的 $R_0 = \max(R_1, R_2, R_3) = 0.95$，记为 $R_0(1 \mid N) = 0.95$。

例 5-5：某串联性质的 X 装备系统下的 A、B、C 系统的可靠度分别为 0.85、0.95、0.9；Y 装备系统的 1、2、3 为互补的并联系统，其可靠度分别为 0.85、0.95、0.9，X、Y 为串联系统，则该混合系统的常规可靠度为 $R_s = 0.727 \times 0.999 = 0.7263$。式(4-3)、式(4-6)联合计算出的系统可靠度 $R_0 = 0.7 + 0.95 - 1 = 0.65$，记为 $R_0(1 \mid N) = 0.65$。

例 5-6：假如某串联系统由 A、B、C 组成，其可靠度 R_A、R_B、R_C 分别为 0.9、0.8、0.7，置信度 γ_A、γ_B、γ_C 分别为 0.9、0.9、0.9，通过串联传统可靠度模型与串联系统单值可靠度模型分别计算系统可靠度。利用串联系统可靠性传统模型求得 $R_{ABC} = R_A \times R_B \times R_C = 0.9 \times 0.8 \times 0.7 = 0.504$；利用串联系统可靠度单值计算公式可求得 $R_{min} = 0.9 + 0.8 + 0.7 - 2 = 0.4$，$R_{max} = \min(0.9, 0.8, 0.7) = 0.7$，则 R_{ABC}的可靠度置信区间为（0.4，0.7）。利用串联系统置信度

计算公式求得 $\gamma=0.9+0.9+0.9-2=0.7$，记为 $R_0(0.7 \mid N)=0.4$。

例 5-7：假如 1、2、3 为互补的并联系统，其可靠度分别为 0.7、0.6、0.8，置信度 γ_1、γ_2、γ_3 分别为 0.8、0.9、0.9，则其常规可靠度 $R_{123}=1-(1-0.7)\times(1-0.6)\times(1-0.8)=0.976$。利用单值可靠度串联系统计算可求得 $R_{\min}=\max(0.6, 0.7, 0.8)=0.8$，$R_{\max}=\sum_{i=1}^{n} R_i=0.7+0.6+0.8=2.1$（因2.1>1，则取其值为 1），$R_{ABC}$的可靠度置信区间为（0.8，1）。用并联系统置信度计算公式求得 $\gamma=\max(0.8, 0.9, 0.9)=0.9$，记为 $R_0(0.9 \mid N)=0.8$。

6 可靠性新概论的总结分析

装备系统不同于一般性的设备，在统筹考虑研制生产方权益的基础上，应充分体现用户至上、效能第一的原则。可靠性传统模型解析的可靠度是一种数学期望值，属于点估计值；而可靠性新模型属于点估计与区间估计相结合的方法，其基准可靠度值小于可靠性传统模型解析的可靠度值。

6.1 可靠度新模型与传统模型的比较

6.1.1 可靠度新模型与传统模型可靠度解析方法比较

可靠性传统模型是通过使用样本量的多种组合求得有效样本组合在样本空间中的占比，而可靠性新模型是基于样本量一次固化成型统计下通过可靠度极值效应有效相遇组合法求得。

新模型求解新的可靠度置信区间的组合应用方法，符合超几何分布理论的逻辑解析关系。传统模型求出的可靠度值符合数学期望值，即与可靠性新模型求解的可靠度置信区间内的可靠度单值与其相应概率乘积之和的拟合值相等。由此也可以看出，实际上这种可靠度的拟合方式与表达结果，终究也不过是一种特别效能的评估而已。

同时可靠性传统模型的方法符合串联系统子系统的有效率事件独立性性质（有效率相乘）、并联系统子系统失效率事件的独立性性质（失效率相乘）。串联系统因为是基于多个子系统有效率同时发生（各个子系统同时有效，全系统才会有效），所以求解的是联合概率（对应可靠度值）；并联系统因为是基于多个子系统失效率同时发生（有效率至少一个发生，即至少存在一个系统有效，全系统才会有效），求解的是集成概率（对应可靠度值）。

样本量组合的应用对于新概论给出的可靠性模型而言，其主要体现在置信度的概率值求解上；对于可靠性传统模型而言，其主要体现在可靠度值的求解上，两者机理类同，但是用途却迥然不同。

6.1.2　可靠度新模型与传统模型置信度解析方法比较

可靠性传统模型主要是通过概率论来求得的，其不需要排定有效样本量（或有效率）、失效样本量（或失效率）的序列，对有序无序没有额外需求。其只有串联系统、并联系统的可靠度模型公式，缺乏对已知置信度条件下的串联系统、并联系统置信度的解析模型。传统模型求出的可靠度单值对应的概率最大，并符合极大似然估计理论。

新概论给出的可靠性模型是基于样本量一次固化成型、有效样本量（或有效率）与失效样本量（或失效率）的一种有序组合。由 4.5.1.1 节、4.5.1.2 节分析可知，在子系统置信度已知情况下，串并联子系统有效样本量（或有效率）与失效样本量（或失效率）进入组合时，其样本空间的置信度分别具有串联系统、并联系统的性质，其集成置信度可以求解出达到百分之百可信的数值。

6.1.3　可靠度新模型与传统模型可靠度的应用比较

通过新的可靠性模型与传统模型比较分析可知，可靠性新概论解析的基准可靠度值实际上是可靠度置信区间的置信下限（也称为基准可靠度，当然其置信度为 1），在子系统数量较少、可靠度值较高时可选作全系统的集成可靠度真值使用，是一种较严格的效能评估方法的管控，尤其在可靠性评估上的应用更利于对使用方的保护。在已知批产品使用样本量的情况下，可通过新方法解析可靠度置信区间内所需的可靠度及其置信度分布列。

可靠性传统模型解析的可靠度是一种数学期望值，其高于新模型方法求得的基准可靠度值，更适于作为研制生产方在可靠性预计、可靠性分配等预置方面宜于调高指标值标准的应用。

6.1.4　可靠度新模型与传统模型置信度的应用比较

由 4.6.1.1 节、4.6.1.2 节分析可知，串联系统、并联系统置信度（或样本空间）相遇具有串联系统、并联系统的性质。由于可靠性传统模型缺乏置信度的求解公式，所以如果与可靠性传统模型相匹配的话，是可以建立串联系统、并联系统的置信度解析模型的。这种模型与可靠度求解方式相类同，可通过概率论解析获得，同样也是一种数学期望值，可视为是样本空间组合相遇时形成的一种有效拟合值，即：

串联系统：
$$\gamma = \prod_{i=1}^{n} \gamma_i \tag{6-1}$$

并联系统：
$$\gamma = 1 - \prod_{i=1}^{n} (1 - \gamma_i) \tag{6-2}$$

经分析可知，如果使用可靠性传统模型进行可靠性的预计、分配等，则可以同样匹配使用式(6-1)或式(6-2)串联系统、并联系统的置信度求解公式；如果使用新概论给出的可靠度计算公式，则需要匹配使用新概论给出的置信度计算公式与方法。新概论给出的置信度其可信度为1，其量值小于式(6-1)或式(6-2)给出的置信度值。

6.1.5 样本量与概率逻辑关系的相关性分析

由第4章关于可靠度与其相关概率的逻辑关系分析可知：如果是串联系统或并联系统解析的相同可靠度置信区间，由于其置信上限与置信下限不变，随着样本量的不断增加，置信区间内的可靠度步长逐步减小、可靠度序列密度加大，各可靠度值对应的概率随着样本量的增加会逐步减小，且为离散型变量；当样本量趋于无穷大时，则概率分布为连续型变量并呈现出一条线段，且每个可靠度单点概率为0。

如图6-1所示，若 N 为样本量，n 为自然数。

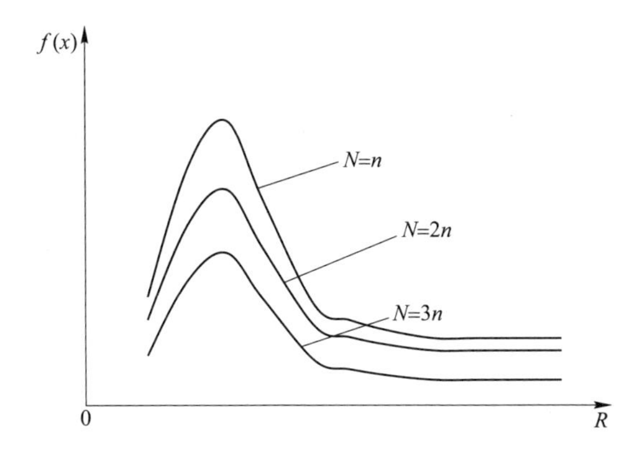

图6-1 同一可靠度置信区间样本量变化概率分布

6.1.6　基于样本量一次固化成型的相关性分析

关于样本量一次固化成型的分析。由前面定义可知，所谓样本量一次固化成型是指系统在应用过程中使用已知次数是基于该样本量一次性固化的、不可逆的，也是不可反复的。

比如某串联系统的子系统使用 100 次，那么求解该串联系统就是基于 100 次使用条件下的可靠度值。在数学上 100 次样本量使用的各种组合是存在的，也是有意义的，这就是可靠性传统模型的求解方法。但在工程上使用 100 次就是 100 次，也就是只能采用数学上 100 次样本量所产生组合的其中之一，是不可逆转的，不可能反复进行 100 次样本量所产生多种组合的同步纳入。

当然按照置信度的定义可知，其为含有真值的可靠度置信区间数量在全部样本空间中的占比。所以利用新的方法求解置信度并通过各种组合来进行解析是不存在任何问题的，符合真正的实际情况。

当然有人会问，假如使用 100 次样本量所产生的组合求解出一个可靠度置信区间，其可靠度步长为 1/100，可靠度相应的概率分布是存在的。如果说样本量 100 次是基于一次固化成型的，那么能否可以考虑以 10 次作为一个小样本过程来进行多次统筹，那么是不是就可以打破样本量一次固化成型的概念，只是以 10 次作为样本的其他组合求解出一个可靠度置信区间（其可靠度步长为 1/10），而基于 10 次样本量尺度统筹唯有牺牲可靠度及置信度的精度问题（即 10 次是粗略精度而 100 次为更加精细的精度，且可靠度置信区间内可靠度数量划分不同）。

其实，如果一个大样本事件划分为一个可靠度置信区间置信上限与置信下限相同的多个小子样事件的话，其可靠度与置信度结果是难以控制的。其原因是，基于 100 次样本量进行组合求解的样本空间并不能完整地包含基于 10 次样本量组合求解出的样本空间，也就是说在此条件下基于 10 次样本量组合求解的多个综合形成的样本空间是不够完整的，因此就不能求解剥离出基于 10 次样本量组合求解的可靠度置信区间可靠度的相应置信度，其可靠度数量分布也与 100 次样本量组合求解不尽相同。

假如一个串联系统有两个子系统组成，其中子系统最小可靠度为 R_L、最大可靠度为 R_H。由式(6-1)和式(6-2)可知，其基于 100 次与 10 次样本量所产生的总的组合量之比为 $C_{100}^{100(1-R_L)}/C_{10}^{10(1-R_L)}$，可以很容易通过具体数值进行验证，其结果为非整数，在此不再赘述。所以最终基于 100 次的使用必须回归基于 100 次样本量一次固化成型的释义。

6.2 可靠性新概论的要点总结

6.2.1 串并联系统的子系统所对应的数学分析方法

新概论采用子系统间的有效极值效应相遇对应法，利用有效率（或有效样本量）的最大、最小趋势依照有序来分别界定串联子系统、并联子系统的组合对应关系；依照子系统有效率（或有效样本量）与失效率（或失效样本量）有序组合的原则，求解可靠度单值序列对应的概率或置信度。

6.2.2 基于多个子系统的串并联系统的可靠度求解方法

新概论利用列表法由两个串联系统、并联系统有关子系统单值可靠度求解逐步推及 n 个子系统的集成可靠度置信区间求解；由图解法直接求解基于串联系统、并联系统 n 个子系统可靠度单值之间、可靠度置信区间之间的全系统集成可靠度置信区间。

6.2.3 基于多个子系统的串并联系统的置信度求解方法

新概论中多个子系统已知置信度情况下的串并联系统的置信度求解方法，其实际上与多个子系统同等串并联性质的可靠度求解方法类同，在数值上具有最严酷情况或最理想情况分布，而其最严酷情况即为可信度百分之百的置信度值；在多个子系统未知置信度情况下的串并联系统的置信度求解方法，其基于两个子系统的组合求解与超几何分布完全相同，而多于两个子系统的组合求解则在某种程度上与超几何分布具有类同之处。

基于未知多个子系统置信度情况下的串并联系统的置信度求解方法包括：通过获得近似等效模型，给出基于多个子系统未知置信度的串并联系统的置信度迭代求解方法；在建立两个串并联子系统的求解方法基础上，逐步给出基于多个子系统未知置信度的串并联系统的置信度树状拓化求解方法。

6.2.4　可靠度置信区间步长的确定方法

新概论中，可靠度置信区间的步长实际上就是对样本量可持续分解穷尽的等量变化幅度值 1（对应整数样本量）或整数位为 1 的小数（对应非整数样本量）与总样本量的比值，即在可靠度度量单位 1 上的具体映射值，这种方法就是基于一定样本量化解后的整数样本量或非整数样本量的步长确定方法。尤其是通过一定的方法对非整数样本量的步长进行归一化处理，可为解析可靠度对应的概率或置信度奠定理论基础。

6.2.5　非整数样本量化解及明确样本量的可靠度解析规划方法

新概论主要给出了化解后非整数样本量的四种求解方法，并对其精度特征进行了概要分析；给出了工程上基于明确样本量条件下的可靠度解析规划方法，验证了相关规划方法的正确性。

6.2.6　工程上独立批次一次抽样方法与应用分析

新概论主要给出了基于计数成败型的一次抽样的超几何分布的三种规划方法，并借鉴提供了减少计算量的基于对数模式的简化解析方法，可为工程上独立批次的一次抽样提供精确、简捷、可行的批检设计方法，为装备批检提供有力的技术支持。

6.2.7　可靠度与置信度等分配法分析

利用新概论给出的串联系统、并联系统基准可靠度、可靠度置信区间及其同步携带的置信度，通过等分配方法来进行子系统的可靠度与置信度的预计、分配等。这种预估与分配并非针对预先设计而采取的方法，它最终的目的是瞄准终极评估效果而进行的，以此可以作为仿真评估的检验手段。而可靠性传统模型求解的可靠度值符合预计、分配阶段使用，但在终极评估中则不宜宽泛使用，其道理如装备可靠度规划设立的目标值与最低可接受值的道理几乎类同。

6.2.8　系统效能评估方法分析

通过 ADC 模型进行系统效能评估的方法，在涉及 A、D、C 各分量概率时，应分析各个因素的串并联逻辑关系，可以通过新概论中串并联系统可靠度类同的解析方法对各个因素的分项效能进行集成评估，然后回归 ADC 模型进行综合效能评估。

6.3 可靠性及效能评估理论方法方面的未尽事项

6.3.1 置信度未知的多元串并联系统置信度尚无综合求解方法

虽然前文给出了基于置信度未知的多个子系统集成的串并联系统的置信度迭代求解方法、基于置信度未知情况下由两个串并联子系统延伸至多个子系统集成的串并联系统的置信度树状拓化求解方法，可以实现等效或同等的求解任务，但迭代与分步实施比较繁琐复杂，简洁的综合求解方法方面目前尚未推导得出匹配适应的模型。

6.3.2 可靠度样本量基准没有统一的规范方法

虽然新概论给出了串并联系统的可靠度置信区间及基准可靠度的解析模型，但是基准可靠度的应用目前在子系统可靠度值较高、子系统数量较少情况下的应用比较适宜。当然基于一定明确样本量条件下的其他可靠度及置信度，同样可以按照需求选定来参与计算，但是没有样本量的统一规范则无法界定具体实施方法。

可靠性传统模型解析应用是基于无限样本量而给出的，没有具体的样本量条件限制。一般而言，在系统的可靠性应用方面其样本量不可能是无限的，皆是基于有限样本量而生成的。无论是可靠性传统模型还是新概论给出的可靠度与置信度模型，其基于有限样本量条件下的应用都是客观存在的，必须予以高度关注。

目前可靠性的应用领域还存在较为模糊的认识，一直处于大尺度开放式的发散状态。比如在水声界规定了声源级的定义规范，从而统一了水声方面的关于声源级归一化的标准：即声轴上距声源 1m 处产生的声强相对于参考声强的分贝数。

所以，与此相类比，既然可靠性的应用样本量不是无限的，业界需要进一步统筹探讨可靠度界定的统一规范，比如应根据不同装备类型设定百次、千次甚至于万次的可靠性使用样本量，应选择性地硬性规定一个统一合适的数量级，可以此条件作为可靠性统一衡量的基准出发点。在使用样本量评估时应统筹考虑可靠性全寿命周期的失效曲线特性。

6.3.3　系统效能评估缺乏统一的体系标准规范

目前系统效能的评估方法多种多样，比如 ADC 法、线性加权法、专家评分法等。所有评估方法皆是基于各自独立的体系而进行实施的，虽然可以得出相应的评估效能结果，但是各个评估体系之间没有可借鉴的比对效果。

比如 Z 试验工程的评估效能为 0.85、Y 试验工程的评估效能为 0.9，但是 Z 与 Y 之间的结果比较而言，并不能说明针对某项任务时 Y 的效能就比 Z 的效能优良，因为 Z 与 Y 之间没有建立可统一衡量的标准体系。

所以 ADC 法、线性加权法、专家评分法等大多是基于加权系数（概率）为基础展开的效能评估拟合值，只是有的需要人为评定或根据规定解析得出，有的需要通过串并联系统的类似模型集成给出。

若需要建立基于统一体系的评估方法，就必须打破以“1”为度量对各层级的系统、项目、要素进行加权系数（概率）的临机分配方法，因为这种方法在不同体系中即使系统、项目、要素相同，因其他种类及数量的不同致使加权系数会产生不同，所以体系之间没有可比较性。应该建立以每个系统、项目、要素按照“1”作为衡量基数，硬性规定体现出不同差值的固定加权系数（概率），并通过一种数学模型来建立可度量的统一评估方法。

比如对装备 M 系统以“1”为度量基准规定设为 0.7，其他关联项目如任务功能、射击数量、射击精度、反应时间、作用半径、毁伤概率、毁伤效果等在 0.7 基础上进行相关性评定；装备 N 系统规定设为 0.8，其他关联项目如航程、航速、投放方式、反应时间、作用半径、毁伤概率、毁伤效果等在 0.8 基础上进行相关性评定；其他装备系统同样进行一一规范设定；最后对全系统通过一种新的数学方法应用来实现建立横向可比的统一评估体系，这种方法需要进一步探索形成。

当然各装备或系统加权系数（概率）皆是以“1”为基准，通过全部装备体系的统一综合性比较而选择固化设定，同时对未来新型装备留有可度量的余地。诸如此类，通过这种统一体系下的评估效果，可选择提供其中较优的技战术使用方案，避免各自为战的日常应用资源与评估效益的浪费。

6.4 建议

在装备论证设计与装备试验工程上，属于串并联性质的系统，在置信度、可靠度计算时，可以逐步采用新概论方法进行必要的解析计算。

在装备批检中采用小子样一次性抽检时，可以采用前文叙述的方法计算进行抽检方案设计；二次抽检时可参照此方法进一步进行拓展计算研究。

6.5 结论

综上研究与分析，基于任意有限样本量的装备系统可靠度、置信度的数学模型，无论是串联系统还是并联系统皆可以此进行有效的解析计算，系统的最可信的基准可靠度、置信度是客观存在的。同时，对于串并联混合型的装备系统的基准可靠度或可靠度置信区间及其同步携带的置信度，可以依次对应串联系统或并联系统特性逐步分解计算并形成集成效应。

系统新的可靠度模型、置信度模型，由于其样本量的真实性，而非可靠性传统模型样本量的扩展特性，从而在一定程度上进一步提高了可靠度、置信度评定的可行性。在装备批检中，一次抽样批检等方案的计算更精确、科学，具有比较符合实际的使用价值。

新概论提出的可靠度、置信度计算方法以及一次抽样批检应用方法等，具有广泛的应用前景和军事效益，对于其他行业的同类规划具有通用指导意义。

参 考 文 献

[1] Sheldon M. Ross. 概率论基础教程 [M]. 童行伟，梁宝生，译. 北京：机械工业出版社，2013：1~2，23，176，315，321.

[2] 孟庆玉，王学军，裘为权. 舰艇武器装备可靠性工程基础 [M]. 北京：兵器工业出版社，1993：1，5，13~14，119~120，218~225，302.

[3] 孟庆玉，张静远，王鹏，等. 鱼雷作战效能分析 [M]. 北京：国防工业出版社，2020：16~21.

[4] 中国船舶重工集团公司. 舰船可靠性工程指南（基础通用分册）[R]. 2006：8~19，22~23.

[5] 中国船舶重工集团公司. 舰船可靠性工程指南（舰船总体及系统分册）[R]. 2006：46.

[6] 中国船舶重工集团公司. 舰船可靠性工程指南（舰船电子设备分册）[R]. 2006：24，42，95.

[7] 中国船舶重工集团公司. 舰船可靠性工程指南（舰船武器分册）[R]. 2006：28~29，122~123，138，147~149.

[8] 中国船舶重工集团公司. 舰船可靠性工程指南（舰船机电动力及机电设备分册）[R]. 2006：15，23，104.

[9] Richard A kass，David S Alberts，Richard E Hayes. 作战试验及逻辑 [M]. 马增军，孟凡松，车福德，等译. 温柏华，李健审. 北京：国防工业出版社，2010：13，120.

[10] 远山启. 数学与生活 [M]. 吕砚山，李诵雪，马杰，等译. 北京：人民邮电出版社，2010：277~278.

[11] 杨榜林，岳全发，等. 军事装备试验学 [M]. 北京：国防工业出版社，2002：285，302，317~320.

[12] 岳剑平，张召奎，朱学文，等. 水中兵器与试验鉴定 [M]. 北京：国防工业出版社，2008：184~185，335~338.

[13] 徐功慧，李家波，郝阳. 武器系统可靠性模型改进算法 [J]. 火力与指挥控制（增刊），2016，41：23~25.

[14] 王玉珏，杨继坤，徐廷学. 基于最大熵的武器系统可靠性建模与评估 [J]. 舰船电子工程，2013，33（3）：80~82.

[15] 包悦，张志峰，刘力. 基于改进 ADC 模型的反导导弹战斗部作战效能评估 [J]. 空军工程大学学报，2012（13~6）：30~34.

[16] 魏勇，黄波，王新华. 区域防空武器系统可靠性建模与仿真 [J]. 舰船科学技术，

2012，34（12）：99~102.

[17] 叶存奉，程娟．武器系统的可靠性再分配方法及应用探讨［J］．舰船电子工程，2012（7）：112~114.

[18] 南骅，叶存奉，闵小龙．基于 L-M 法的火箭弹存储可靠性分析［J］．水雷战与舰船防护，2011，19（4）：38~41.

[19] 闫志强，蒋英杰，谢红卫．变动统计方法及其在试验评估技术中的应用综述［J］．飞行器测控学报，2009，28（5）：88~93.

[20] 邓长江，金国贵，蔡少荣．导弹武器系统作战使用的可靠性模型［J］．武器装备自动化，2007，26（3）：20~21.

[21] 潘高田，周电杰，王远立，等．系统效能评估 ADC 模型研究和应用［J］．装甲兵工程学院学报，2007（21~2）：5~7.

[22] 任玉珑，任洪宾，李俊，等．生产方和使用方博弈行为的计数 1 次抽样方案［J］．重庆大学学报，2007（27~12）：139~141.

[23] 王燕萍，吕震宙．可靠性与可靠性增长方法的研究［D］．西安：西北工业大学，2006：14.

[24] 辛永平，李为民．一种典型防空导弹武器系统可靠性模型及仿真实现［J］．系统工程与电子技术，2003，25（3）：316~318.

[25] 吴利荣，王建华．基本可靠性和任务可靠性模型研究［J］．现代制造工程，2004（5）：24~25，37.

[26] 肖明森．关于超几何分布简化计算方法的探讨［J］．数理统计与管理，1988（4）：34~37.

[27] 唐文祥．超几何分布计算方法的探讨［J］．延安教育学院学报，1998（1）：59~60.

[28] 王振邦．复杂系统任务可靠性及计算方法［J］．现代防御技术，1996（3）：45~47.

[29] 中华人民共和国机械行业标准 JB/T 6214—92 仪器仪表可靠性验证试验及测定试验（指数分布）导则．

[30] GB/T 8054—2008，计量标准型一次抽样检验程序及抽样表．

[31] GJB 450A—2004，装备可靠性工作通用要求．

[32] 徐功慧．多元武器系统可靠度极值效应解析法［J］．兵器装备工程学报，2021，42（s1）：225~229.